NOTES

SUR LES

VIGNES AMÉRICAINES

ET

OPUSCULES DIVERS

Sur le même sujet

PAR

A. MILLARDET

PROFESSEUR A LA FACULTÉ DES SCIENCES DE BORDEAUX

Prix : 2 fr. 50

BORDEAUX
CHEZ FERET & FILS
15, COURS DE L'INTENDANCE, 15

1881

NOTES

SUR LES

VIGNES AMÉRICAINES

ET

OPUSCULES DIVERS

Sur le même sujet

PAR

A. MILLARDET

PROFESSEUR A LA FACULTÉ DES SCIENCES DE BORDEAUX

BORDEAUX
CHEZ FERET & FILS
15, COURS DE L'INTENDANCE, 15

1881

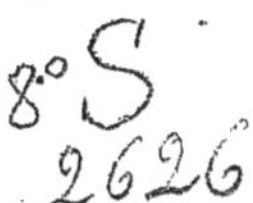

NOTES

SUR LES

VIGNES AMÉRICAINES(*)

I.

LE SEMIS

Avant de semer les graines, il est nécessaire de leur donner quelques soins dans le but d'obtenir une germination plus sûre et plus égale. La méthode la plus simple, pour arriver à ce résultat, est celle que j'ai conseillée (1). Elle consiste à faire tremper les graines, pendant cinq à six jours, dans de l'eau en excès, renouvelée à deux ou trois reprises. J'ai vu, à Perpignan, un semis fait par ce procédé qui avait produit trente mille plantes environ, levées en même temps et d'une venue bien égale. — D'après des renseignements particuliers, on obtient également de bons résultats par une autre méthode que voici. Un mois avant l'époque fixée pour le semis, les graines sont stratifiées dans du sable fin placé en lieu tempéré et maintenu humide par quelques arrosages. Ce temps écoulé, le jardinier passe au crible le sable et les graines en même temps. Si le

---

(*) Ces *notes* ont été publiées dans le *Journal d'agriculture pratique*, années 1879, 80 et 81.

(1) *Journal d'agriculture pratique*, 1879, numéro du 13 février. — Millardet, *Études sur quelques espèces de vignes sauvages de l'Amérique du Nord*, p. 28.

calibre des trous a été choisi convenablement, les graines les plus gonflées restent sur le crible, tandis que le sable et les graines les moins développées passent au travers. Les premières, mises immédiatement dans l'eau, doivent être semées le plus tôt possible. Cette opération est répétée de temps en temps, jusqu'à épuisement à peu près complet de la provision de graines. Je dis à peu près complet, car il y en a toujours quelques-unes qui ne se gonflent pas et dont on attendrait vainement la germination. Les graines ainsi préparées et gonflées, une fois mises en terre, germent très-rapidement. — Enfin d'autres personnes se contentent de maintenir les graines stratifiées dans le sable humide, pendant trois semaines ou un mois avant le semis.

Je recommanderai, si le sable est très-fin, de le remuer de temps en temps avec les graines, afin de faciliter l'accès de l'air, ou mieux encore de ne pas mettre sur ces dernières une épaisseur de sable supérieure à 2 centimètres.

L'immersion dans l'eau et la stratification ont pour but de faire absorber rapidement et sûrement à la graine une certaine quantité d'eau : on obtient ainsi une germination plus égale. Je me suis assuré que l'immersion dans l'eau remplit parfaitement cette condition. Ainsi donc, c'est encore à cette méthode que je donne la préférence, au moins pour les semis de *V. riparia* et *cinerea*. Quant à ceux de *V. cordifolia* et *æstivalis*, qui réussissent assez difficilement en pleine terre, sous notre climat, peut-être serait-il préférable d'employer la stratification dans le sable, en ayant soin de placer celui-ci dans un lieu tiède, une serre tempérée par exemple ou une couche sourde (1). En effet, ces graines demandent plus de chaleur pour germer que celles des deux espèces nommées en premier lieu, et il est probable qu'en les semant cinq ou six semaines plus tard, alors qu'elles ont déjà traversé, dans le sable humide et chaud, presque toutes les

(1) J'ai vu deux fois semer des graines de *V. cordifolia* et *æstivalis*, que l'on avait mises à stratifier préalablement sur couche *chaude*. Presque aucune n'a germé. Il est vraisemblable que la germination, qui était, du reste, très avancée au moment du semis en pleine terre, a été arrêtée subitement par la différence considérable de température.

phases de la germination, le succès serait plus assuré. Il faut noter aussi qu'au mois de mai, c'est-à-dire à l'époque à laquelle on ferait le semis — celui d'avril ayant été consacré à la stratification — la température du sol est déjà élevée et par conséquent plus favorable que dans les mois précédents à des plantes d'une germination assez lente, puisqu'elle exige dix semaines environ.

On reçoit fréquemment les graines dans les fruits qui les contiennent encore. Il me paraît indifférent de les débarasser ou non de l'enveloppe du grain de raisin. Si on voulait le faire, il suffirait, après les six jours de macération dans l'eau, d'écraser les fruits entre les mains. On fera bien, en tout cas, de jeter les graines qui ne vont pas au fond de l'eau. Elles ne germent pas.

Le sol destiné à recevoir les semences doit être léger, profond et fertile. Il sera au préalable ameubli avec soin et fumé s'il n'est pas naturellement très riche. On y trace des sillons de 3 centimètres de profondeur au fond desquels sont déposées les graines une à une, autant que possible, et à une distance d'une dizaine de centimètres dans le rang. L'écartement entre chaque rang doit être de 30 centimètres environ. Les graines placées dans le sillon, on remplit ce dernier de terreau sur lequel peut être déposé un peu de fumier à moitié fait, des feuilles mortes ou du paillis. Cette couverture sert à entretenir l'humidité et la chaleur ; si le printemps est sec, il est nécessaire d'arroser fréquemment.

A la fin de juin, les plantes semées dans la dernière semaine de mars ont une dizaine de centimètres de hauteur, et la germination peut être considérée comme terminée. Les quelques retardataires qui lèveront encore ne changeront rien au résultat final. Il est bon alors, si on a semé un peu serré, de suivre les lignes avec attention et d'éclaircir les plantes placées à moins de 10 centimètres de distance les unes des autres. On gagnera largement en vigueur ce que l'on perd en nombre.

Les essais de transplantation des jeunes plantes, faits en grande culture, ont toujours, à ma connaissance, donné de mauvais résultats, quelques précautions que l'on ait prises. Cependant j'ai réussi à obtenir ainsi des plantes assez vigoureuses en les couvrant d'un pot à fleur renversé que j'enlevais la nuit, pendant plusieurs jours de suite, après la transplantation.

Si le terrain n'est pas des plus frais, il sera nécessaire d'arroser fréquemment pendant la première année, jusqu'au mois de septembre, c'est-à-dire aussi longtemps que les racines des jeunes plantes n'auront pas atteint une couche du sol qui ne se dessèche ni trop rapidement ni d'une manière trop complète. Les terres à l'arrosage du Roussillon sont éminemment propres à cette culture.

D'après mes observations personnelles et les nombreux renseignements que j'ai recueillis, les *V. riparia* et *cinerea* germent partout en pleine terre avec une grande facilité, surtout le premier. Au contraire, les *V. æstivalis* et *cordifolia* n'ont donné, la plupart du temps, que des résultats presque insignifiants: cinq à six pour cent seulement des graines semées ont germé. Les semis de ces mêmes graines faits sur couche ont été couronnés de succès. Mais, dans ce dernier cas, il faut tenir compte des mauvais effets de la transplantation lorsqu'elle est nécessaire.

On peut obtenir, dès la première année, des plantes assez fortes pour être greffées. J'ai vu, à Perpignan, des V. *riparia* d'un an dépasser deux mètres de hauteur. C'est chez cette espèce que le développement est le plus rapide et chez le *V. æstivalis* qu'il l'est le moins. Le *Solonis* rivalise avec le *Riparia* pour la vigueur et même surpasse souvent ce dernier. Après la seconde feuille, si on a eu le soin de tailler la plante, dès la seconde année, ainsi que je l'ai conseillé (1), de manière à concentrer l'accroissement sur la tige principale, on pourra greffer la moitié ou les deux tiers des semis en vignes françaises, en choisissant des greffons qui ne soient pas trop gros. Après la troisième

---

(1) Dans l'article cité précédemment et dans mes *Études sur quelques espèces de vignes sauvages, etc.*

feuille, il n'y aura que quelques sujets chétifs qui seront impropres à servir de porte-greffes.

Voici un aperçu des dimensions moyennes que présentent, trois ans après le semis, les quatre espèces de vignes dont je parle. Ces exemples sont pris dans la palud de Bordeaux et au Jardin botanique de cette même ville. Dans tous les cas, l'épaisseur de la tige a été mesurée au collet de la plante, c'est-à-dire au niveau du sol.

Solonis. Extrêmement vigoureux. Sarments de 4 mètres et plus. 14 et 15 millimètres d'épaisseur.

V. riparia du Missouri. Extrêmement vigoureux, mais un peu inférieur au précédent.

V. cordifolia de l'Illinois. — Extrêmement vigoureux, 4 mètres de long sur 15 millimètres d'épaisseur.

V. cordifolia, du Delaware. — Un peu moins vigoureux, 3 mètres de long sur 9 à 10 millimètres d'épaisseur.

V. cinerea du Missouri. — Extrêmement vigoureux au Jardin botanique. 4 mètres de long sur 12 et 13 millimètres d'épaisseur.

V. cinerea dans la palud. — Tantôt aussi développé qu'il vient d'être dit, tantôt un peu moins. Alors, en moyenne, 1 mètre 50 à 2 mètres de longeur sur 6 à 8 millimètres d'épaisseur.

V. æstivalis de l'Illinois et du Missouri. — Chétif partout. La moitié de ces plantes semées en 1877 sont mortes actuellement. Les plus élevées n'ont guère que 50 à 60 centimètres de haut et 6 à 7 millimètres d'épaisseur au collet. — Cependant *il n'y a pas de phylloxéra aux racines.* Il faut donc chercher ailleurs la cause de leur mort et de leur faiblesse. J'y reviendrai plus loin.

Quant aux racines de ces mêmes plantes, elles offrent un développement et une force vraiment extraordinaires. La plupart ont plus de 1 mètre de longueur et une épaisseur qui dépasse souvent 5 millimètres. Cela fait qu'il est très difficile de ne pas les mutiler gravement lorsqu'on les arrache. Aussi, comme dans les circonstances actuelles un système radiculaire solide me paraît être plus que jamais la première condition de santé pour tout plant de vigne, je dis de nouveau aux propriétaires : « Mettez vos semis en place après la première ou la seconde feuille pour les greffer l'année suivante ; de cette façon vos ceps auront un système radiculaire d'une vigueur incomparable. »

Le propriétaire ne doit pas oublier qu'il est possible de retirer des jeunes vignes, au moment où on les greffe, un double avantage. Tandis que la partie inférieure de la plante servira de porte-greffe, le reste sera mis en pépinière pour être greffé à son tour, après une ou deux années, suivant la grosseur des sarments. On peut aussi, au lieu de mettre ces derniers en pépinière, les greffer sur souches françaises pour en multiplier le bois. Il ne faut pas oublier que le *V. riparia* seul reprend facilement de boutures et que, pour obtenir des racinés du *V. cordifolia* il sera préférable d'en faire des marcottes.

C'est avec un vif sentiment de satisfaction que je constate que les semis de vignes sauvages américaines, que j'ai le premier conseillés, ont décidément conquis la confiance du public.

Plusieurs personnes m'ont prié de leur procurer moi-même des graines des espèces que j'ai recommandées. Je l'ai fait, jusqu'à présent, avec plaisir, dans l'intérêt de la cause des vignes américaines et pour le triomphe de mes idées. Mais, actuellement, la question des semis de vignes est en assez bonne voie pour que je puisse me désintéresser des menus détails. Je prie donc les amateurs d'adresser désormais leurs demandes, non plus à moi, mais à M. Henri Eggert, botaniste, 918, Wash-Street, Saint-Louis, Missouri (1). Enfin, je rappellerai que les commandes doivent être faites le 15 juillet au plus tard, le *V. riparia* mûrissant déjà, dans le Missouri, à la fin de ce même mois.

---

(1) Les personnes qui ne désirent qu'une petite quantité de graines pourront s'adresser à M. Catros-Gérand, marchand grainier, allées de Tourny, à Bordeaux, ou à M. Caille, jardinier en chef au jardin des plantes de la même ville.

II.

RÉSISTANCE AU PHYLLOXÉRA.

Je n'ai rien à ajouter à ce que j'ai dit précédemment (1) au sujet de la résistance au phylloxéra des *V. riparia*, *cordifolia*, *cinerea* et *æstivalis*. Ainsi que je l'avançais le premier en 1877 et 78, les racines de ces différentes espèces sont à un très haut degré réfractaires à l'insecte : c'est à peine si l'on rencontre sur leurs radicelles, dans les terrains les plus meurtriers, quelques petites et rares nodosités qui pourrissent tardivement ; les tubérosités manquent complètement. J'ai répété si souvent ces observations dans les localités les plus diverses, qu'il me semble impossible que rien puisse jamais venir en infirmer les résultats.

Mais, depuis que j'ai publié mes premières recherches sur les plantes dont on vient de lire les noms, je n'ai cessé d'étudier, au point de vue de leur résistance à l'insecte, les diverses espèces ou variétés de vignes sauvages ou cultivées qui m'ont été accessibles. Voici les résultats sommaires de cette étude.

V. RUPESTRIS Scheele ; *sugar grape* ou *sand grape* des Américains.

Cette espèce se reconnaît facilement à son port buissonnant. Le bois de grosseur moyenne ou submoyenne, finement strié, est arrondi à la base des rameaux, plus ou moins fortement cannelé à l'extrémité de ces derniers et nuancé de rose ; les entrenœuds sont courts ; les diaphragmes très-minces. Le feuillage est d'un vert clair, souvent teinté de jaune, surtout dans le jeune âge, quelquefois glauque. Les feuilles sont disposées très-régulièrement et comme imbriquées sur deux rangs, le long des rameaux ; le limbe en est petit, plié en gouttière, plus large

(1) *Journal d'agriculture pratique*, nº du 28 novembre 1878 ; — pour le *V. riparia*, nº du 30 août 1877. — *Études sur quelques espèces de vignes sauvages*, etc., 1879.

que long, presque entier, subcordé, à peu près complètement glabre. Le sinus pétiolaire est extrêmement ouvert; le lobe médian terminé par une pointe abrupte; la nervure médiane recourbée en dessous. La grappe est petite, ailée; les grains noirs, submoyens, de saveur douceâtre, mûrissent trois semaines avant les fruits de nos cépages européens les plus précoces. Les graines offrent de nombreuses ressemblances avec celles du *V. riparia*, mais sont, en général, un peu plus globuleuses.

Cette courte diagnose suffira à faire distinguer le *V. rupestris* de ses congénères.

Il y a bientôt deux ans que j'ai le premier signalé la résistance insigne de cette espèce (1). Depuis, j'ai eu occasion de l'étudier de nouveau dans plusieurs localités. Dans le Var, chez M. Ganzin, elle continue à se montrer littéralement indemne bien qu'elle soit greffée sur *Clintons* couverts de phylloxéras. Il en est de même dans une phylloxérière qui est à ma porte, où les sujets ont servi à remplacer les ceps morts d'une vigne malade depuis six ans. Mais, à la pépinière de la Société d'agriculture de la Gironde et chez M. Laliman, le *V. rupestris* présente de nombreuses nodosités. Néanmoins, au commencement d'octobre, les racines se montrent parfaitement saines et le chevelu presque complètement intact. A cette même époque, les quelques tubérosités qui existent sur les plus petites racines (elles manquent sur les grosses) sont ou tout à fait saines ou pourries seulement à la surface.

Ces différences tiennent non au terrain, mais à la plante, puisque les individus provenant des *Rupestris* indemnes de M. Ganzin, se montrent également indemnes à Bordeaux. Il était intéressant de rechercher s'il n'y aurait pas quelque caractère qui permette de distinguer les plantes à racines indemnes de celles qui donnent prise à l'insecte. Pour le moment, j'ai pu constater seulement que l'absence complète de poils sur la face inférieure

---

(1) *Étude sur quelques espèces de vignes sauvages*, etc., p. 12.

des nervures et une forte cannelure des jeunes pousses coïncident avec l'immunité phylloxérique (1).

M. le docteur Despetis (de Pomérols, Hérault) a appelé mon attention sur cette différence de tenue des *Rupestris* relativement au phylloxéra, il y a une année au moins. « Il y a, m'écrivait-il, de bons et de mauvais *Rupestris*, comme il y a de bons et de mauvais *Riparias.* » Nul doute qu'il n'y ait en effet, comme l'avance mon honorable correspondant, des différences assez notables dans la sensibilité au phylloxéra des diverses formes de *V. riparia* et *rupestris,* mais ces différences ne sont jamais assez grandes pour diminuer sensiblement la somme totale de résistance à l'insecte. Au point de vue scientifique, la différence existe, il est vrai ; mais, au point de vue pratique, elle me semble pouvoir être négligée. J'ai rencontré quelquefois des *Riparias* chlorotiques, chétifs, rabougris, mais jamais je n'ai trouvé sur leurs racines d'altérations phylloxériques assez sérieuses pour rendre compte de cet état. Malgré tout ce qu'on a dit, la résistance de cette espèce demeure indiscutable. Le *V. rupestris* est dans le même cas.

V. CANDICANS Engelmann ; *Mustang* des Américains.

Le *Mustang* est originaire du Texas. Il se reconnaît facilement à ses tiges anguleuses dans la jeunesse, parsemées de longs poils blancs appliqués sur l'écorce ; à son bois brun foncé lorsqu'il est mûr ; à ses feuilles à peine dentées, gauffrées, d'un vert foncé en dessus, couvertes, à la face inférieure, de poils blancs, longs et soyeux, couchés sur les nervures et formant un feutre serré dans l'intervalle de ces dernières. La variété connue de quelques pépiniéristes sous le nom de *Mustang* à duvet roux n'appartient probablement pas à cette espèce, mais au *V. lincecumii* dont il sera question plus loin.

On ne connaît pas avec certitude de variété cultivée de cette

(1) Quand je me sers du terme *immunité*, je veux dire seulement que je n'ai pas encore trouvé de phylloxéra aux racines, non qu'il ne puisse s'en rencontrer.

vigne (1). Le vin qu'on obtient au Texas de la plante sauvage passe pour être d'une rudesse extrême. Les individus fertiles sont très rares : il n'en existe pas, à ma connaissance, en Europe. Le fruit varie pour la couleur (de la pulpe seulement?) du noir au rouge et au blanc.

Cette plante paraît être sensible au froid. En effet, l'un des deux *Mustangs* que possède le jardin botanique de Bordeaux a eu son système aérien gelé jusqu'à quatre pieds du sol, pendant l'hiver de 1879-80, bien que la température ne se soit pas abaissée au-dessous de — 13° C. Pendant celui de 1880-81, ces deux plantes ont supporté sans accident une température de — 18° C. La reprise de bouture ne peut guère se faire que sur couche chaude. Il est donc probable que le *Mustang* n'aura jamais une grande importance en viticulture bien qu'il reçoive la greffe de nos cépages. Mais la beauté de son feuillage lui assure une des premières places parmi les plantes grimpantes d'ornement. Sa vigueur est incomparable : on le voit, au Texas, atteindre le sommet des plus grands arbres et étouffer dans ses étreintes les troncs les plus robustes.

Il m'est arrivé souvent de rencontrer, pendant la belle saison, un nombre extrêmement considérable de nodosités sur les radicelles de cette vigne. Ces nodosités pourrissent de bonne heure, et, au mois de septembre, il n'en reste plus guère : aussi, à cette époque, le chevelu se trouve assez sérieusement compromis, au moins dans les couches superficielles du sol. Mais les tubérosités sont rares, si même il s'en rencontre. Aussi le *Mustang* résiste-t-il au phylloxéra. Sans doute il doit cette résistance à la richesse de son chevelu et à la puissance de tout son système radiculaire, peut-être même à la direction des racines qui me semblent plonger profondément dans le sol.

V. LINCECUMII Buckley.

Désignée au Texas sous le nom de *Post-Oak grape*, cette espèce de vigne se distingue du *V. æstivalis* dont elle est très rapprochée

(1) Le *Grand-Noir* du jardin d'acclimatation de Paris offre avec le *V. candicans* des analogies frappantes que j'ai signalées déjà en diverses circonstances.

par des baies beaucoup plus grosses (1), par un duvet roux (devenant en partie blanchâtre à l'arrière-saison), pelucheux, abondant, qui couvre les tiges, les pétioles et la face inférieure des feuilles ainsi que les principales divisions de la grappe. Les feuilles sont d'un vert clair, amples, profondément lobées, à sinus pétiolaire assez ouvert. Les graines, un peu plus grosses que celles du *V. æstivalis*, ont le bec, la chalaze ainsi que les fossettes de la face ventrale colorés en orangé vif.

Le *V. lincecumii* a été longtemps confondu avec le *V. labrusca*; c'est à lui qu'ont eu affaire les botanistes qui ont mentionné cette dernière espèce dans la partie inférieure de la vallée du Mississipi où, en fait, elle manque absolument. On le trouve au Texas, en Louisiane, dans l'Arkansas et sur le territoire indien. Il est plutôt buissonnant que grimpant. Les raisins ont une couleur rouge ou ambrée plus ou moins foncée et une saveur agréable (au dire des Américains).

Cette vigne ne reprend de bouture qu'avec une extrême difficulté : son marcottage même ne réussit pas très-bien. J'en ai greffé un certain nombre de broches sur vignes françaises et ai eu beaucoup d'insuccès. Aussi le *V. lincecumii* est-il très rare dans les collections. Cependant il m'a été donné de l'observer, en terrain phylloxéré, chez M. Léonce Guiraud, aux environs de Nîmes. Dans cette localité, ses racines sont tellement maltraitées par l'insecte que j'ai perdu la confiance que j'avais d'abord dans sa résistance. En outre, M. Guiraud m'a appris qu'il a perdu déjà plusieurs pieds de *Post-Oak;* le seul qui survive est en mauvais état.

Au reste, si le *Post-Oak* résiste au phylloxéra dans son pays natal, peut-être est-ce seulement grâce à la finesse des sables qu'il semble habiter de préférence. « On ne le trouve, dit le professeur Buckley, que dans les terrains sablonneux stériles, et on devrait l'appeler *sand-grape* (raisin des sables). »

---

(1) Sur des fruits provenant du territoire indien (au nord du Texas), et dus à l'obligeance du Dr Engelmann, le diamètre des baies atteignait 14 millimètres.

V. FLEXUOSA Thunberg.

Bien que cette espèce ne soit pas américaine, elle mérite cependant notre attention à cause de sa résistance au phylloxéra.

Originaire du Japon, le *V. flexuosa* a le port tout à fait sarmenteux, ainsi que l'indique l'étymologie. Il se reconnaît au duvet chamois qui couvre l'extrémité des rameaux et la face inférieure des feuilles, surtout les nervures. Les feuilles sont trilobées, pliées suivant leur longueur, d'un beau vert luisant à la face supérieure, assez amples. Les sarments sont allongés, polygonaux, grêles. Fruits inconnus.

Cette plante, dont il existe, au jardin botanique de Bordeaux, un pied mâle âgé de cinq à six ans, montre une grande vigueur sous ce dernier climat. Elle ne paraît pas souffrir du froid. Chaque année elle se couvre d'une énorme quantité de grappes très amples dont la floraison, chose curieuse, dure depuis la mi-juin jusqu'en septembre. Il serait intéressant d'en connaître le fruit. Je recommande cette vigne aux amateurs de plantes ornementales.

J'ai soumis le *V. flexuosa* à l'action du phylloxéra à diverses reprises, soit en pots, soit en plein champ : en toutes occasions, je n'ai jamais trouvé qu'un petit nombre de nodosités de grosseur médiocre sur ses radicelles ; les tubérosités sur les racines semblent manquer absolument. Il n'y a donc aucun doute pour moi que cette vigne soit des plus résistantes, c'est-à-dire infiniment plus que ne le sont les *Jacquez*, *Herbemont* et autres cépages américains cultivés (1). Malheureusement elle reprend assez difficilement de bouture. M. Despetis m'écrit qu'il l'a greffée avec succès sur diverses vignes. Quant à la greffe de nos cépages sur cette même plante, elle n'a pas encore été tentée, à ma connaissance ; mais l'analogie permet d'espérer qu'elle réussira assez facilement. Les viticulteurs ont donc dans le *V. flexuosa* un nouveau porte-greffe digne de tout leur intérêt.

---

(1) Je ne parle pas des *espèces* américaines *sauvages*.

V. AMURENSIS Ruprecht.

Je n'en dirai pas autant de cette espèce. Les essais auxquels je me suis livré m'ont permis de lui reconnaître une très grande sensibilité au phylloxéra. Au reste, il n'y a rien que de très naturel dans ce fait; car le *V. amurensis* est si voisin de notre *V. vinifera* que, de l'aveu de Maximowicz (*Primitiæ florulæ amurensis*), il ne peut guère s'en distinguer autrement que par la graine. Comme notre vigne européenne, cette espèce est aussi très sujette au *mildew*.

V. MONTICOLA Buckley.

Cette espèce habite le Texas, où elle est connue sous les noms de *Sweet mountain grape*, ou *Little mountain grape* (1). On en doit la découverte à Buckley (2). M. Planchon l'a décrite récemment (3) sous le nom de *V. Berlandieri*, réservant à tort, ainsi que l'avait fait avant lui E. Durand (4), le nom de Buckley à un *Labrusca* anciennement cultivé et actuellement tombé en désuétude, l'*Arrot* ou *Arcot* de Downing (5), Bush, Füller, etc.

Cette vigne est encore très rare dans les collections. J'en ai vu quelques exemplaires envoyés par M. Onderdonk, pépiniériste au Texas, chez M. L. Guiraud près de Nîmes. Ils sont âgés de quatre ou cinq ans et stériles. M. le Dr Davin, de Pignans (Var), et M. le Dr Vidal, de la même localité, en possèdent quelques individus fertiles qui proviennent de boutures récoltées à Indianola, au Texas, et plantées en 1875. La même plante fertile se retrouve à l'Ecole d'agriculture de Montpellier, où je l'ai vue chargée de fruits en septembre dernier.

---

(1) D'après une communication du Dr Engelmann.
(2) Buckley : *Proceedings of the Academy of natural sciences of Philadelphia*; 1861, p. 450.
(3) Planchon : *Comptes rendus de l'Académie des sciences*; nº du 30 août 1880.
(4) Durand : *Actes de la Société linnéenne de Bordeaux*, 3e série, t. IV.
(5) Downing : *The fruits and fruit trees of America*; 1876, p. 530.

Je donnerai une description détaillée de cette espèce qui a réellement une importance considérable comme porte-greffe de nos cépages.

A Pignans, le *V. monticola* est une vigne de développement plus que moyen; son feuillage est d'un vert foncé; sa ramification abondante; son bois de grosseur moyenne, un peu sarmenteux.

Les tiges sont d'abord striées-polygonales dans leur jeunesse, plus tard elles deviennent subarrondies. Elles sont couvertes, à l'origine, d'un duvet laineux épais d'un blanc rosé qui ne tarde pas à disparaître à peu près complètement; sur le bois aoûté, elles prennent la teinte feuille morte avec des stries longitudinales brunes le long des angles. Enfin, après l'hiver, l'écorce est devenue cendrée et s'exfolie facilement. On pourrait alors confondre le bois de cette espèce avec celui du *V. cinerea*. Mais il s'en distingue à la grande minceur des diaphragmes, caractère qui rapproche le *V. monticola* du *V. riparia*.— Les vrilles sont intermittentes; les bourgeons petits, courts, subpyramidaux, obtus.

Les feuilles sont entières, subtrilobées ou trilobées; les lobes latéraux obtus, le médian aigu ou subaigu. Le limbe est toujours plus large que long, étalé ou même réfléchi sur les bords; le sinus pétiolaire largement ouvert à sa base, puis rétréci. Dans leur première jeunesse, les feuilles tout entières, comme aussi les tiges et les vrilles sont couvertes d'un duvet laineux-floconeux, d'un blanc rosé, qui disparaît bientôt à peu près complètement. A l'état adulte, la face supérieure légèrement gaufrée et brillante montre une couleur d'un vert sombre tandis que la face inférieure est plus claire et luisante comme chez le *Solonis*.— Toutes les nervures sont alors couvertes de nombreux poils, érigés, raides, très courts du côté supérieur, plus longs et fréquents du côté inférieur de la feuille. A l'aisselle des nervures secondaires, ces poils forment des bouquets rudimentaires. Les nervures sont grosses, très saillantes. Les deux nervures primaires latérales du même côté de la feuille naissent fréquemment par un tronc commun du sommet du pétiole. — Le pourtour du limbe est denté. Les dents en sont petites ou moyennes, obtuses, arrondies, presque égales, peu saillantes, réfléchies au sommet. — Le pétiole est polygonal, parcouru sur toute la longueur, du côté supérieur, par une strie longitudinale profonde.

La floraison de cette espèce a lieu une dizaine de jours après celle de nos cépages les plus tardifs. La fécondité des *Monticola* du Dr Davin et de l'Ecole d'agriculture de Montpellier est très grande. En 1880, dans le Var, la maturité n'a pas été complète avant la dernière semaine d'octobre.

Grappes grandes, ovoïdes, non ailées, très composées, irrégulières et serrées. Grains très-petits (9 millimètres de diamètre au maximum), noirs, pruineux. Peau assez épaisse, très résistante, tapissée d'une couche mince et très adhérente de pigment violet. Un ou deux pépins assez gros (5 millimètres et demi à 6 millimètres et demi de long sur 4 et demi de large), trapus, de couleur chocolat, sauf la base du bec, la chalaze et les fossettes de la face ventrale qui sont de teinte jaune orangé beaucoup plus claire. Bec court, obtus. Chalaze médiocrement saillante, atteignant le milieu de la hauteur de la graine, à extrémité inférieure arrondie, à extrémité supérieure atténuée insensiblement pour se terminer dans un repli très délié, placé dans un sillon peu profond. Extrémité supérieure de la graine subarrondie, à peine bilobée.

Fruits assez juteux eu égard à leur petitesse, à pulpe verdâtre, fondante. Saveur acidule et sucrée, sans arrière-goût.

Les plantes du Dr Davin sont à peu près identiques à celles de M. Guiraud, seulement un peu plus tomenteuses. Ni les unes ni les autres n'offrent des différences notables avec les échantillons du *V. monticola* du Texas conservés dans l'herbier Desmoulins et envoyés par Durand lui-même, ni, autant que j'en puis juger d'après mes notes, avec les échantillons de l'herbier Durand du Muséum de Paris (1). Les graines sont identiques à celles que je

(1) Au contraire, la plante cultivée dans l'École botanique de ce même Jardin des Plantes, sous le nom de *V. monticola* Buckley, n'est qu'une forme quelconque de *Labrusca*.

dois à l'obligeance du Dr Engelmann et qui sont originaires du Texas.

Par ses diaphragmes, ses graines et ses stomates, cette plante s'éloigne du *V. æstivalis* dont M. Engelmann l'avait d'abord rapprochée comme simple variété (1) pour se placer dans le voisinage du *V. riparia*. Elle fleurit une dizaine de jours après le *V. æstivalis;* ses fruits mûrissent un mois plus tard que ceux de cette dernière espèce.

Au point de vue du bouturage, je dois noter entre les plantes du Dr Davin et celles de M. Guiraud une différence sensible; les premières reprenant assez mal (2), tandis que celles de M. Guiraud m'ont donné au minimum 50 p. 100 de succès.

Il faut s'attendre à rencontrer de nombreuses formes du *V. monticola*, car les diagnoses des divers auteurs sont loin de s'accorder. D'après Buckley (3) et Engelmann (4), cette espèce aurait des baies grosses et le duvet de la face inférieure des feuilles adultes ramassé en flocons. Or, les baies de *V. monticola* que M. Engelmann lui-même m'a envoyées et qui provenaient du Texas mesuraient de 8 à 10 millimètres de diamètre seulement et je n'ai pas vu de flocons de poils, à l'état adulte, sur les plantes que j'ai eues à ma disposition. Je ferai encore remarquer que Buckley assigne des fruits blancs ou ambrés à l'espèce dont nous parlons, tandis que le Dr Engelmann ne fait pas mention de ce caractère. Or, les fruits envoyés par M. Engelmann étaient noirs. Enfin je noterai encore que E. Durand (5) attribuait également des fruits blancs à notre espèce : mais il est très probable que sa description n'a pas été faite sur le *Monticola* de Buckley, mais vraisemblablement sur une variété de *Labrusca*, et sans doute sur celle qu'il envoyait à peu près à la même époque à M. Durieu de

---

(1) D'après la lettre qu'il m'écrivait dernièrement en m'envoyant les graines dont je parle plus haut, l'éminent botaniste serait disposé à rapprocher l'espèce dont il est question du *V. riparia*.

(2) Le Dr Davin m'écrit qu'il a obtenu cette année 30 p. 100 de reprise en pleine terre.

(3) Buckley, *loc. cit.*

(4) Engelmann : dans *Bush, Illustrated catalogue.*

(5) Durand : mémoire précédemment cité.

Maisonneuve sous le nom de *V. monticola*. Depuis, cette dernière plante s'est répandue sous son faux nom dans toute l'Europe. Un œil exercé y reconnaît à première vue un *Labrusca*. En fait, ainsi que je l'ai dit en tête de cet article, c'est l'*Arrot* ou *Arcot* des pépiniéristes américains, cépage qui se trouve encore sous ce nom dans la belle collection de M. de Vivie (1), à Montauriol (Lot-et-Garonne.) M. Planchon, qui a eu ce cépage sous les yeux en même temps que la diagnose de Durand, a suivi ce dernier dans sa méprise, non cependant sans noter l'affinité de ce faux *Monticola* pour le groupe *Labrusca*.

Il est bien remarquable (et c'est un fait qui vient à l'appui de mon interprétation) que, tandis que Durand décrivait et distribuait l'*Arrot* sous le nom de *V. monticola* Buckley, les autres botanistes américains conservaient à ce dernier (que M. Planchon a désigné sous le nom de *V. berlandieri*) son vrai nom :

---

(1) Voici comment je suis arrivé à rétablir le nom véritable du faux *Monticola* du Jardin botanique de Bordeaux.

Depuis longtemps, à propos d'une figure des graines de cette dernière plante publiée par M. Foëx, j'avais exprimé l'opinion que ce n'était qu'un *Labrusca* (*Études sur quelques espèces de vignes sauvages*, p. 38 note). Sachant qu'il existait dans la collection de M. de Vivie, une *Isabelle à fruits blancs*, je priai ce dernier, en octobre, de m'envoyer des spécimens de ce cépage, afin de le comparer à la plante du Jardin botanique. M. de Vivie, à qui j'avais fait part de mes doutes, m'envoya immédiatement des échantillons très complets (fruits, bois, feuilles) non de l'*Isabelle blanche* qu'il pensa m'être inutile, mais de l'*Arrot*, ajoutant qu'il tenait cette plante de M. Durieu de Maisonneuve lui-même, et que c'était elle sans doute qui m'était nécessaire. Ses prévisions se trouvèrent exactes : c'était, à n'en pas douter, le *Monticola* de notre Jardin botanique. — Que la même plante soit *Monticola* à Bordeaux et *Arrot* à Montauriol, il n'y a à cela rien de bien étonnant : c'est là sans doute un de ces *lusus* d'étiquettes malheureusement trop communs dans les collections, tel par exemple que celui qui a fait donner au *Solonis* le Caucase pour patrie. Ce qui est plus important à savoir, c'est que le nom de Montauriol, s'accorde parfaitement avec les diagnoses de Downing, Bush et autres auteurs, et, par conséquent, qu'il est exact. — Il est vrai que la diagnose de Durand s'accorde également avec les caractères du faux *Monticola*, et je ne peux guère m'en rendre compte que par une erreur monstrueuse de ce dernier; mais la faiblesse humaine en général et celle particulière de ce botaniste étant données, l'erreur dont je viens de parler se trouve expliquée de la manière la plus satisfaisante.

Je dois ajouter encore que récemment M. le docteur Davin (*Courrier du Var*, nos des 7 et 11 novembre 1880) a relevé l'erreur de M. Planchon, de la manière la plus catégorique, en même temps que MM. de Vivie et Lespiault (M. Lespiault : *Les Vignes américaines dans le Sud-Ouest*. Nérac; 1881) émettaient des doutes motivés à l'égard de la détermination de mon savant collègue de Montpellier.

aucun ne s'y est laissé tromper. Mais Durand lui-même semble s'être aperçu plus tard de son erreur, car les échantillons de *V. monticola* que l'on trouve dans son herbier au Muséum de Paris, et ceux qu'il a envoyés à Desmoulins (1), et qui sont originaires du Texas, ne sont plus l'*Arrot* du Jardin botanique de Bordeaux, mais le vrai *Monticola* du Texas de Buckley.

Enfin, pour être complet, je dois ajouter que M. Davin, en 1878, avait cru devoir faire de son *Monticola* une forme du *V. cordifolia*, sous le nom de *V. coriacea;* et que moi-même, le croyant originaire du Missouri, j'ai supposé qu'il pouvait être un hybride complexe de ce même *V. cordifolia* et de quelques autres espèces (2).

Pour la résistance au phylloxéra, le *V. monticola* ne le cède à aucune des espèces les plus réfractaires à l'insecte. Pendant deux ans je l'ai cru complètement indemne, mais ayant arraché en octobre dernier une plante provenant de M. Guiraud, et placée depuis le printemps dans un terrain des plus phylloxérés, j'ai réussi à découvrir sur ses radicelles deux très petites nodosités seulement ; je ne lui ai jamais vu, ni chez M. Guiraud, ni chez M. Davin, la moindre tubérosité. Au reste, ces conclusions se trouvent confirmées par le témoignage de M. Davin, qui a étudié et distribué cette plante depuis trois ou quatre ans, et par celui de M. Planchon.

V. CALIFORNICA Bentham.

Plusieurs plantes de semis issues de graines de cette espèce qui m'avaient été obligeamment offertes en 1880 par l'École d'agriculture de Montpellier, placées pendant une année en terrain très phylloxéré, se sont montrées à peu près exemptes de nodosités. Le *V. californica* est donc une des espèces les plus résistantes au phylloxéra. Malheureusement il est encore beaucoup plus sensible au *mildew* que notre vigne européenne.

---

(1) Ils sont conservés dans l'herbier Lespinasse qui appartient actuellement à la ville de Bordeaux.

(2) *Études sur quelques espèces de vignes sauvages*, p. 14.

DELAWARE

Dans mon premier travail sur les vignes américaines, publié en 1876, j'avais, m'appuyant sur des renseignements fournis par M. Laliman, rangé le cépage dont on vient de lire le nom parmi ceux qui ne résistent pas au phylloxéra. Depuis, M. Laliman étant revenu sur sa première opinion (1), j'ai soumis les racines du *Delaware* à un examen attentif.

Ce cépage appartient à cette classe de vignes dont les racines nourrissent une très grande quantité de phylloxéras, et qui cependant sont capables de résistance.

Lorsqu'on arrache avec précaution, vers le milieu d'octobre, des racines de cette plante, on les trouve chargées d'une énorme quantité de nodosités dont les trois quarts environ sont pourries. Mais, tandis que dans la vigne européenne, à cette époque de l'année, tout le chevelu est désorganisé, il en reste au *Delaware* encore la plus grande partie. Cela tient, entre autres raisons, à la richesse de celui-ci. Quant aux tubérosités, elles ne se forment guère que sur les racines de l'année et encore presque exclusivement pendant la jeunesse de ces dernières ; sur les racines de plus d'un an on ne trouve généralement que des renflements en bonne voie d'exfoliation. Aussi la plante ne perd-elle, sous l'action du phylloxéra, qu'un certain nombre des racines plus minces qu'une aiguille à tricoter ordinaire et la moitié environ de ses radicelles. Aucune racine importante ne lui est enlevée. Dans un terrain profond, elle est toujours à même de réparer ses pertes.

Ces détails seraient probablement insuffisants à faire apprécier le degré de résistance du *Delaware*, si je n'ajoutais qu'en examinant comparativement des *Clintons* placés à côtés d'un des *Delawares* que j'ai observés, j'ai trouvé dans l'état des racines de ces deux plantes des différences très notables en faveur du *Delaware*.

---

(1) Dans ses *Études sur les divers travaux phylloxériques*

Au reste, les faits que je viens de signaler n'acquerront pas leur signification complète pour le lecteur avant que j'aie publié l'ensemble de mes recherches sur les causes de la résistance des vignes américaines au phylloxéra. J'espère être à même de mettre ce travail sous les yeux du public, dans le cours de l'année prochaine. Pour aujourd'hui, il suffira de savoir que le *Delaware* est doué d'une résistance un peu supérieure à celle du *Clinton*.

Cette conclusion est importante. La plupart des viticulteurs, dans le but d'échapper aux dépenses et aux difficultés du greffage sur vignes résistantes, recherchent activement, parmi les vignes américaines, des cépages que l'on puisse cultiver directement pour leurs fruits. Or, on sait que le nombre de ces derniers est très restreint : lorsqu'on a nommé l'*Herbemont* et le *Jacquez*, on est à peu près au bout de la liste. Le *Delawaré* serait un cépage de plus à y ajouter.

On sait, en effet, qu'il s'accomode de notre climat de Bordeaux ; qu'il porte beaucoup, relativement du moins à sa taille ; qu'il ne coule pas, et que son raisin, qui est excellent pour la table, fait un vin blanc de bonne qualité, presque sans goût exotique. A côté de ces qualités, il possède, il est vrai, quelques défauts. Il reprend médiocrement de boutures, croît lentement, est assez grêle et passe pour délicat à la fois sur le terrain et le climat. « Il est considéré comme un des meilleurs cépages des États-Unis s'il n'est réellement le meilleur. Malheureusement, pour des causes variées, il ne réussit pas dans toutes les localités. Chez nous (Missouri), il doit être planté dans un sol profond, riche, aéré et bien drainé, sur les coteaux qui regardent l'est ou le nord-est. Il demande une bonne culture et une taille sévère *(pruning to short laterals)*..... Le bois est dur, avec une moelle étroite. Il croît lentement. Cinq à six pieds de distance entre chaque cep sont suffisants. Il est extrêmement rustique et supporte facilement sans dommage, s'il est sain, les hivers les plus rigoureux. Dans quelques endroits, le sud-ouest du Missouri, par exemple, et l'Arkansas, il donne des récoltes sûres et abondantes, et n'a pas de rival comme producteur d'un vin blanc distingué (1). Sur d'autres points, au contraire, il se montre sujet au *mildew,* au grillage des feuilles, et ces défauts sont encore aggravés par sa tendance à trop charger, ce qui arrive infailliblement si on ne prend des précautions pour le maintenir dans les limites d'une production convenable. » (Bush; *Illustrated catalogue*).

En signalant à mon tour, après M. Laliman, la résistance du *Delaware,* j'ai fait ce qui seul est en mon pouvoir. Aux viticulteurs d'étudier ce cépage à d'autres points de vue. — J'ajouterai que dans notre Sud-Ouest il est très sensible au mildiou.

III

DE L'ADAPTATION AU CLIMAT ET AU SOL.

Il est fâcheux que nous manquions de données exactes et circonstanciées sur les conditions auxquelles sont soumises, dans leur pays natal, les vignes américaines qui ont été introduites chez nous dans ces dernières années. Toutefois, si petites que soient nos connaissances à ce sujet, nous pouvons en tirer quelques conclusions pratiques importantes.

Si nous jetons les yeux sur une carte des isothermes, nous voyons, en ne tenant compte que de la partie du continent nord-américain qui est située entre les Montagnes Rocheuses et l'Atlantique, que les vignes cultivées vers le centre des États-Unis, c'est-à-dire entre les 36e et 40e degrés de latitude, sont soumises à une températuremoyenne très voisine de celle de la région vinicole française. Or, c'est de cette région que nous viennent, ainsi qu'on le sait, la plus grande partie des vignes américaines.

---

(1) Peut-être seulement pour un américain. J'en ai goûté; et, à mon avis, l'épithète de bon est suffisante.

Mais le climat des États-Unis est moins égal que celui de la France : les hivers y sont plus rigoureux, les étés plus chauds que chez nous (1). De là, chez les vignes de ce pays, un avantage pour nous et un inconvénient à la fois : avantage en ce sens qu'elles sont plus résistantes au froid (2) que notre vigne indigène ; inconvénient, parce que, à égalité de température moyenne, leurs fruits mûriront plus tard chez nous qu'en Amérique.

Mais, si deux points donnés de France et des États-Unis, où la température moyenne est aussi semblable que possible, diffèrent cependant, ainsi qu'on vient de le voir, d'une manière considérable par les températures moyennes et extrêmes de l'hiver et de l'été, ils diffèrent encore bien davantage par la quantité de pluie qui tombe pendant les six mois chauds (avril à octobre) et par l'humidité de l'atmosphère. Cette humidité se trouve entretenue par des précipitations aqueuses plus abondantes et peut-être plus fréquentes, et par les vastes forêts qui couvrent encore le continent américain. Par suite, les vignes américaines provenant de la région moyenne des États-Unis dont il a été

(1) On peut s'en convaincre en jetant les yeux sur le tableau suivant, et en comparant des lieux de température moyenne à peu près égale, tels que Saint-Louis, Bordeaux et Montpellier; Cincinatti, New-York, Boston et Paris.

	Temp. moyenne de l'année	Temp. moyenne de l'hiver	T. moy. de l'été.	T. moyenne du mois le plus froid.	T. moyenne du mois le plus chaud.
	Degrés C.	Degrés C.	Degrés C.	Degrés C.	Degrés C.
Bordeaux	13,9	6,1	21,7	5,0	22,9
Montpellier	14,1	6,9	24,3	5,6	25,7
Paris	10,8	3,3	18,1	1,8	18,9
St-Louis (Missouri)	13	0,7	21,1	—1,2	25,7
Cincinnati	12,1	0,5	22,8	—1,2	23,6
New-York	12,1	—1,2	26,2	—3,7	27,1
Boston	9,3	—6,1	20,5	—3,7	21,8

(2) Cet hiver, chez M. Lespiault, à Nérac (Lot-et-Garonne), les *Jacquez*, aussi bien que les autres variétés américaines, ont à peine souffert d'un froid de 22° qui a causé les plus grands ravages parmi les vignes françaises. — Le même fait a été constaté pendant l'hiver de 1879-80, en Alsace, par M. Oberlin (*La vigne et les arbres fruitiers gelés*; Colmar, 1880; publié par la Société d'horticulture et de viticulture de Colmar). Le froid auquel la vigne a été exposée en Alsace, pendant cet hiver si rude, a varié entre —18 à —27 degrés centigrades.

question plus haut, et située à l'orient des Montagnes Rocheuses, se trouvent adaptées à une humidité beaucoup plus grande que celle que nos climats peuvent leur offrir. Ainsi, tandis qu'il tombe, en moyenne, d'avril à octobre, 178 millim. d'eau à Toulon et 385 à Bordeaux, il en tombe, pendant le même temps, 627 à Saint-Louis du Missouri (1). Les vignes américaines se trouvent donc infiniment mieux armées contre l'humidité de l'atmosphère que les nôtres. C'est par cette raison qu'elles sont presque réfractaires à l'oïdium et beaucoup moins vulnérables au mildiou, tous deux enfants de l'humidité excessive, que nos cépages européens adaptés à un climat plus sec. C'est aussi pour cela qu'on peut s'attendre à voir certaines espèces américaines souffrir de la sécheresse extrême du climat méditerranéen.

Mais une large portion du continent nord-américain, située un peu au sud des régions que nous venons de considérer, fait exception aux conditions d'humidité excessive signalées plus haut : elle comprend le Texas, le Nouveau-Mexique et la Californie. Dans toute cette région, la quantité d'eau qui tombe pendant les six mois chauds est très-faible et même sensiblement

---

(1) Voici quelques autres chiffres :

	Quantité moyenne d'eau tombée du 1er avril au 1er oct.
Bordeaux	385 millimètres.
Châlon-sur-Saône	357 —
Lyon	323 —
Tours	319 —
Toulouse	305 —
Montpellier	300 —
Perpignan	197 —
Toulon	178 —
Cincinnati	632 —
Saint-Louis (Missouri)	627 —
Albany	568 —
Boston	500 —

Je cite, en Amérique, ces quatre dernières localités seulement, pour m'en tenir à des climats comparables aux nôtres. Plus au Sud, le climat devient beaucoup plus chaud et la quantité de pluie pendant les six mois chauds augmente considérablement : ainsi, à Augusta et à Atlanta (Géorgie), où il y a des vignobles, il tombe pendant les six mois chauds :

A Augusta	677 millimètres.
A Atlanta	784 —

au-dessous de celle qui caractérise notre climat méditerranéen (1). C'est là que la Provence, le Roussillon et le Languedoc, la Sicile, la région occidentale et méridionale de la Péninsule ibérique doivent chercher leurs cépages de production directe et leurs porte-greffes. On sait, par exemple, que le *Jacquez*, qui a si merveilleusement réussi dans le Midi, est cultivé avec succès au Texas ; là, comme en Provence, il est à peu près réfractaire à l'anthracose et au mildiou, tandis que sa culture doit être abandonnée dans des climats plus humides, à cause de la facilité avec laquelle il contracte ces deux affections.

Si donc j'osais donner quelques conseils à nos viticulteurs, je leur dirais, partant de ce principe : « Habitez-vous la Provence, le Languedoc, le Roussillon ? Étudiez la viticulture du Texas; empruntez-lui ses *Jacquez*, ses *Herbemont*, ses *Lenoir*, pour la culture directe ; ses *Rupestris*, ses *Monticola*, ses formes de *Riparia* et de *Cordifolia* sauvages comme porte-greffes. Vivez-vous au contraire sous le climat humide de l'Aquitaine ? Tournez vos yeux vers le centre des États-Unis, le Missouri et l'Ohio par exemple; là vous trouverez des succédanés à vos cépages : les *Norton's Virginia* et *Cynthiana*, peut-être le *Rulander* et le *Delaware;* vous y retrouverez aussi l'*Herbemont*. Enfin, vous pourrez employer avec confiance, comme porte-greffes de vos cépages,

---

(1) Moyenne de la quantité d'eau tombée du 1er avril au 1er octobre :

Avignon	275	millimètres.
Cette	250	—
Nice	239	—
Nîmes	233	—
Perpignan	197	—
Toulon	178	—
Marseille	177	—
Cadix	174	—
Palerme	128	—
San-Francisco (Californie)	70	—
Sacramento (Californie)	68	—
Albuquerque (Nouveau-Mexique)	144	—

Le Texas se comporte, sous ce rapport, à peu près comme le Nouveau-Mexique.

La plupart de ces chiffres m'ont été obligeamment communiqués par mon collègue de la Faculté des sciences, M. le professeur Raulin.

les innombrables variétés de *Riparia, Cordifolia, Cinerea,* et même *Rupestris,* qui peuplent ces forêts.

Tels sont les enseignements que l'on peut tirer des faits généraux que je viens d'exposer. Mais indépendamment de l'adaptation à la température et à l'humidité du climat, nous avons à considérer l'adaptation au sol; et ce n'est pas la moins importante. Malheureusement il n'existe à cet égard que très peu de données positives que nous puissions prendre pour guide dans la pratique : le mieux, à l'heure qu'il est, lorsqu'on veut entreprendre une plantation de quelque importance, est de faire un essai en petit, afin de savoir si les espèces ou variétés sur lesquelles on a jeté les yeux s'accommoderont du terrain qui leur est destiné.

C'est ici le lieu de discuter l'influence du fer et de la silice sur la végétation des vignes américaines.

M. le Dr Despetis est le premier qui ait attiré l'attention sur l'influence que le fer, qui produit la coloration de certains sols, exerce sur le développement des vignes américaines (1). Bientôt après, M. Vialla, vice-président de la Société d'agriculture de l'Hérault, publia des observations nouvelles et plus étendues à ce sujet (2). D'après ces deux observateurs, un certain nombre de cépages américains (*Concord, Herbemont, Norton,* etc.) ne réussiraient que dans les terres rouges, c'est-à-dire fortement chargées de fer ; dans les terres blanches, ils sont fréquemment chlorotiques et rabougris.

Le public acueillit aussitôt avec faveur les idées de MM. Despetis et Vialla ; puis, comme chacun aime à se rendre compte des faits, l'influence du fer sur la végétation des vignes américaines étant admise, on chercha à l'expliquer. Comme le fer favorise le développement de la matière verte des végétaux et par suite la nutrition de ces derniers, et que diverses vignes

(1) Dans *La vigne américaine*, année 1878, p. 164.

(2) Voir le *Messager agricole* du 10 octobre 1878. Ce travail se trouve reproduit en partie dans : *Rapport sur les expériences de viticulture entreprises à l'École d'agriculture de Montpellier* ; par M. Foëx (1879, p. 49 et suiv.).

américaines plantées dans les sols blancs souffrent habituellement de chlorose, il parut naturel d'admettre que le fer agit directement sur la nutrition en tant que substance assimilable et assimilée, c'est-à-dire chimiquement. C'est là, je crois, l'opinion actuelle du plus grand nombre.

Avant d'aller plus loin, je veux faire remarquer que rien n'autorise à cette conclusion. Si le fer agit directement sur la nutrition de la vigne (aux doses dont il est question), on devrait en trouver davantage dans les vignes vigoureuses des terres rouges et riches en fer que dans les plantes rabougries et chlorotiques des terrains blancs pauvres en fer. Or, aucune analyse n'a encore été faite dans cette direction (1).

Sans attendre qu'une réponse catégorique fût donnée à cette question par les analyses qu'on vient de voir en note, je dois dire

---

(1) Au moment de corriger les épreuves de ce travail, je reçois les résultats d'une série d'analyses que M. Foëx a bien voulu faire exécuter à l'école d'agriculture de Montpellier. Elles sont dues à M. Vanuccini, délégué du gouvernement italien. Je prie ces messieurs d'accepter mes remerciements pour leur obligeance.

J'avais prié M. Foëx de faire analyser, au point de vue de la quantité de fer qu'ils contiennent, des *Herbemonts* chlorosés et mal venants, croissant dans une terre blanche, comparativement à d'autres individus vigoureux plantés dans la terre rouge.

Il est fâcheux que la différence dans la teneur en fer des sols qui ont fourni les trois lots d'échantillons ne soit pas plus considérable. Il y a même cette singularité que le terrain dans lequel végétaient les *Herbemonts* chlorosés (nº 1) contient plus de fer que les terrains où ces plantes se montrent vigoureuses (nºs 2 et 3). Mais cette singularité même servira à faire mieux ressortir les résultats des analyses.

Les analyses de M. Vanuccini ont porté sur trois échantillons de plantes. Chaque échantillon se composait de deux lots qui ont été analysés à part : d'un côté, des morceaux de souches ; de l'autre, une certaine quantité de sarments pris sur ces dernières Chaque lot de bois de souches contenait à la fois du bois de 2, 3 et 4 ans. Tous les sarments étaient de l'année.

La surface des sections faites au sécateur a été râclée avec du verre afin d'éliminer les sels de fer qui se forment dans ces conditions. Les souches ont été lavées avec soin pour en détacher la terre autant qu'il est possible de le faire.

Les échantillons du nº 1 proviennent de la planche I des collections de l'École, à sol formé de conglomérat et tuf calcaire, de couleur grise et où l'*Herbemont* se montre souffreteux et chlorotique (voir p. 59 du Rapport de M. Foëx cité plus haut). — Les échantillons du nº 2 ont été pris dans la vigne du Nord — partie haute — de l'École dont le sol est gris et où l'*Herbemont* réussit. (Voir p. 57 du même Rapport.) — Enfin, les échantillons du nº 3 proviennent de la terre dite de l'Olivette (propriété Lichtenstein) où l'*Herbemont* se montre vigoureux, et dont le sol est rouge.

Que l'on rapporte la quantité de fer à un poids donné de cendres (colonnes 6 et 7 du

que l'action chimique du fer m'avait toujours paru extrêmement problématique, rien qu'à l'inspection des analyses des terres blanches et rouges qui ont été publiées. Les chiffres insérés au

---

tableau suivant) ou à un poids constant de bois (100 grammes), ce qui paraît un peu plus exact eu égard aux différences très notables dans la quantité de cendres que fournit un poids donné de bois (colonnes 8 et 9), on arrive, ainsi que le montre le tableau ci-dessous, à des résultats tout à fait analogues.

DOSAGE DU FER DANS L'HERBEMONT CHLOROSÉ ET NON CHLOROSÉ.

NUMÉROS des échantillons et état des vignes	NATURE des échantillons	Poids de bois sec à 100 degrés.	Eau à 100 degrés.	Poids des cendres.	FER (Fe) contenu dans ces cendres.	FER [Fe] contenu dans 100 parties de cendres	FER [Fe] contenu dans 100 gramm. de bois sec.	Moyenne de la quantité de fer contenu dans 100 gr. de bois sec de la souche et des sarments	Quantité p. 100 de fer contenu dans les terres où ont été pris les échantillons
		kil.	kil.	gr.	gr.	gr.	gr.		
1. Mauv. état.	Souches...	0.1408	0.0795	3.790	0.018	0.475	0.016	0.012	2.740
	Sarments...	0.0610	0.0347	1.446	0.005	0.346	0.008		»
2. Bon état...	Souches...	0.1816	0.0780	3.903	0.042	1.067	0.023	0.023	2.445
	Sarments...	0.0564	0.0568	1.507	0.013	0.863	0.023		»
3. Bon état...	Souches...	0.0661	0.0341	1.880	0.024	1.277	0.036	0.026	2.000
	Sarments..	0.0656	0.0449	1.386	0.010	0.721	0.015		»

Ces analyses autorisent à conclure, ainsi que je l'avais pressenti, qu'il n'y a pas de relation immédiate entre la quantité de fer que contient le sol et celle que renferment les plantes. Il est vrai, ainsi que je l'ai fait remarquer plus haut, que les différences dans la teneur en fer des trois sols dont il est question n'est pas très considérable. A ce point de vue, une nouvelle série d'analyses serait peut-être intéressante, mais elle ne me paraît pas nécessaire au point de vue qui nous occupe, car c'est l'inverse de ce que comporterait la théorie de l'influence chimique du fer qui ressort de ces analyses. C'est, en effet, dans la terre n° 1 que l'on trouve *la plus forte quantité* de fer, et c'est justement dans cette terre que l'*Herbemont* contient *le moins* de ce métal. La réciproque est vraie pour la terre du n° 3 qui est de toutes les trois *la plus pauvre* en fer, tandis que ce sont ses *Herbemonts* qui renferment *la plus forte proportion* de ce dernier.

Il est probable que des recherches sur la température et l'humidité de ces trois sols donneraient la clé des différences que montrent dans leur vigueur les *Herbemonts* qui y sont plantés.

Mais les chiffres qui précèdent sont encore instructifs à un autre point de vue. On y voit que les *Herbemonts* chlorotiques contiennent une fois moins de fer que ceux qui sont vigoureux. On pourrait donc être tenté de conclure que la faiblesse de leur végétation dépend de la petite quantité de fer qu'ils contiennent. Mais il y a encore d'autres conditions qui peuvent amener ce résultat, et je crois que le mieux est d'attendre de nouvelles recherches à ce sujet.

travail de M. Vialla m'avaient déjà laissé bien des doutes à ce sujet ; la lecture d'un mémoire récent de M. B. Chauzit (1) est venue les fortifier encore. Je vois, par exemple, qu'au domaine du Terral les terres rouges, où les cépages américains réussissent bien, renferment en moyenne 5 °/₀ de fer, et les terres blanches où ces mêmes cépages poussent mal, en possèdent encore 3,30 °/₀. Or, cette dernière quantité de fer doit être plus que suffisante à la plante qui en contient 1 à 2 *dix-millièmes* de son poids. Cela est d'autant plus vraisemblable que les terres rouges de Saint-Georges d'Orques, si favorables aux plants américains, ne contiennent que 3,38 °/₀ de fer, c'est-à-dire une quantité sensiblement égale à celle que renferment les terres blanches du Terral (2).

L'influence chimique sur la vigne des grandes quantités de fer que contiennent les sols colorés en rouge peut donc être regardée comme très problématique. Mais comme, d'un autre côté, il n'est pas douteux que les vignes américaines se comportent mieux dans les terres rouges que dans les terres blanches, la seule conclusion possible, c'est que, dans les premières, le fer agit physiquement et vraisemblablement comme matière colorante.

Il y a longtemps déjà (3) que j'ai expliqué la grande proportion de réussites obtenues par M. G. Bazille, dans le bouturage en plein champ du *Jacquez* et de l'*Herbemont*, par la couleur foncée du sol où ces plantations avaient eu lieu ; couleur foncée qui favorise l'échauffement de ce dernier. Ici c'est l'humus qui est agent colorant et calorifique en même temps. Depuis, j'ai eu, à deux reprises, l'occasion de faire des observations analogues,

(1) B. Chauzit : *Recherches chimiques sur quelques terrains où l'on a planté la vigne américaine.*

(2) Je dois faire remarquer encore, ainsi qu'on vient de le voir dans le tableau des analyses, que les terres où l'*Herbemont* vient le plus mal, sont les plus riches en fer.

Comment se fait-il que des terres qui contiennent la même quantité de fer soient les unes rouges, les autres blanches, ainsi qu'il arrive pour celles de Saint-Georges, et celles du Terral ? Il est très probable que le fer se trouve dans les unes et les autres sous des états différents, mais très improbable, au contraire, quels que soient ces états, que l'absorption par la plante de la quantité infinitésimale de fer qu'elle contient puisse en dépendre.

(3) Dans la *Question des vignes américaines.*

mais dans des terrains bien différents. Chez M. du Peloux, non loin de Pignans, dans le Var, les *Jacquez* reprennent de boutures, en plein champ, dans la proportion de 85 à 90 %. Chez M. Lugol, à Campuget, près de Nîmes, la proportion des reprises est aussi satisfaisante. Or, chez M. du Peloux, le sol est argilo-siliceux, parsemé de gros cailloux et d'un *rouge foncé;* chez M. Lugol, le terrain, un peu plus léger sans doute que ce dernier, a cependant beaucoup d'analogie avec lui, et comme lui est d'un *rouge foncé.* Il me paraît certain que dans ces deux cas, la cause principale de la réussite des boutures c'est la présence de l'oxyde de fer qui, par la coloration intense qu'il donne à la terre, augmente d'une manière considérable l'absorption de la chaleur solaire par celle-ci, et élève ainsi beaucoup sa température. — Avis aux viticulteurs qui plantent des *Æstivalis* en pépinière !

Si donc le fer peut, en donnant une couleur foncée à un sol convenable du reste (c'est-à-dire assez frais par l'argile et assez léger par une proportion suffisante de sable ou de calcaire), favoriser la production des racines sur des boutures qui ne reprennent réellement bien que sur couche chaude, il est naturel qu'il puisse également favoriser dans une large mesure la multiplication et le développement de ces mêmes organes chez ces mêmes vignes plantées à demeure. *Tel serait, d'après moi, le véritable mode d'action du fer des sols rouges sur la vigne américaine. D'après cela, cette dernière craindrait non les sols pauvres en fer, mais les sols froids.*

Mais envisageons encore un côté connexe de cette même question.

On a vu plus haut que le climat des États-Unis est plus humide que le nôtre. Transportées dans la région méditerranéenne, les vignes d'Amérique se trouvent donc, au point de vue de la fonction transpiratoire, dans des conditions bien différentes de celles qu'elles rencontrent dans leur pays natal. Rien d'étonnant, surtout si leurs racines ont été endommagées par le phylloxéra, que dans les plus chaudes journées de juillet et août les feuilles soient quelquefois flétries ou desséchées par un excès de transpiration et que la plante vienne à languir. C'est ce qui arrive généralement au *Clinton* et au *Taylor* dans le Languedoc et la Provence, sous l'influence du phylloxéra, lorsque le sol est un peu sec.

Or on sait que les variations de chaleur du sol ont sur l'absorption de l'eau par les racines une influence importante : plus la température est élevée (au-dessous d'un certain maximum), plus la quantité d'eau absorbée par la plante en un temps donné est considérable. Si donc la vigne américaine, dans son pays natal, pendant la saison la plus chaude, ne peut pas être indifférente à la quantité d'eau absorbée par ses racines, puisque c'est celle-ci qui fournit aux besoins incessants de la transpiration, il faut admettre que dans notre climat plus sec, où la transpiration est beaucoup plus active, l'absorption rapide est pour elle une question de vie ou de mort. Ainsi donc, à ce point de vue, l'échauffement du sol, par suite de sa coloration ferrugineuse, doit encore être très utile à la plante.

Nous sommes donc amenés à attribuer au fer, en tant qu'agent de coloration, c'est-à-dire de calorification du sol, une double influence. En premier lieu, il augmente la production et le développement des racines; en second lieu, la quantité des racines étant supposée invariable, il favorise l'absorption de l'eau par ces mêmes organes.

Passons à d'autres considérations.

Si le lecteur veut bien parcourir le travail de M. Chauzit cité plus haut, il sera sans doute, comme moi, frappé de ce fait, plusieurs fois indiqué d'une manière plus ou moins précise, que la vigne américaine végète bien surtout dans les terrains profonds, à sous-sol perméable, tandis qu'elle souffre dans les terres qui contiennent un excès d'humidité. — Je citerai deux exemples à l'appui de cette observation.

1° A la page 2, il est dit, à propos du domaine de Viviers, « qu'il a fallu à M. Pagézy beaucoup de persévérance pour ne pas renoncer à la culture des vignes américaines, à la suite des nombreux insuccès qu'il a eus. » — Plus loin, l'auteur fait remarquer que dans les pièces 1, 2 et 3 de ce domaine, le sous-sol est imperméable et que le terrain a dû être drainé. Dans la pièce 4, le sous-sol est très perméable et la réussite de la vigne américaine a été complète dès l'origine de la plantation.

Il me paraît plus que probable, d'après cela, que si dans les pièces 1, 2 et 3 M. Pagézy a eu d'abord des insuccès, tandis que dans la pièce 4 la plantation a parfaitement réussi dès l'origine, cela tient à la cause indiquée plus haut, cause qu'un aussi habile viticulteur ne pouvait méconnaître longtemps, et à laquelle il n'a pas tardé à appliquer le remède, c'est-à-dire le drainage.

2° A propos du domaine du Terral, l'auteur dit que dans la pièce de vigne qu'il a examinée, le terrain présente une pente assez forte. Le sous-sol est *imperméable*. Les terres rouges, où les vignes américaines viennent bien, sont *en haut* de la pente ; les terres blanches, où ces mêmes vignes ne prospèrent pas, sont *en bas*. Les premières contiennent environ deux fois plus d'humus et un quart de fer de plus que les secondes. L'échauffement du sol, déterminé par la coloration ferrugineuse et la plus grande proportion d'humus dans les terres rouges, doit vraisemblablement, d'après les idées développées plus haut, exercer une influence importante sur l'accroissement des racines dans cette zone supérieure du terrain. Mais, en outre, il n'est guère moins probable que la position des terres blanches au-dessous des précédentes (c'est-à-dire de telle façon que les eaux de pluie glissant sur un sous-sol *imperméable* descendent dans ces parties basses) ne soit aussi pour beaucoup dans le rabougrissement des vignes sur cette zone de terrain.

L'examen des analyses du sol données par l'auteur vient encore fortifier cette opinion. Voici le résumé de ces dernières :

	Pierre	Terre fine	Sable	Argile	Calcaire	Humus	Fer
Terres rouges....... (composit. moy. %).	28	72	32	49	12	1.44	5
Terres blanches..... (composit. moy. %).	9	91	18	37	44	0.53	3.8

Il est bien certain que les terres rouges, beaucoup plus riches en pierres et en sable, s'égouttent plus facilement que les terres blanches. Ces dernières se trouveraient donc être, aussi bien par leur grande richesse en particules argilo-calcaires très-fines que par leur position, le réservoir de la plus grande partie de l'eau qui tombe sur la surface tout entière du coteau.

A ces faits j'ajouterai une observation qui m'est personnelle.

J'ai eu occasion de voir pendant l'automne dernier, à Pignans, dans le Var, en plaine et dans des sols très riches, quelques douzaines de *Riparias* sauvages affectés d'un rabougrissement particulier. Il n'y avait pas de phylloxéra aux racines. Dans un cas, le terrain était drainé, mais problamement d'une manière insuffisante. A Cuers, dans le même département, un millier de *Jacquez* de quatre ans, situés en plaine, dans un excellent sol, se trouvaient en fort mauvais état. Le phylloxéra avait produit sur leurs racines des ravages considérables, les pampres étaient très-réduits, les feuilles décolorées, le raisin ne mûrissait pas. Or, comme dans ce département ce cépage réussit admirablement, malgré le phylloxéra, dans les terrains de côtes, je soupçonnai qu'il y avait, dans le cas en question, autre chose que l'insecte. Renseignements pris, il s'est trouvé que le sol de cette vigne souffre d'un excès d'humidité. Il est bon d'ajouter qu'un certain nombre d'*Herbemonts* plantés dans la même vigne, se trouvaient exactement dans le même état que les *Jacquez*. Le propriétaire a sans doute drainé son terrain à l'heure qu'il est; et nous saurons, d'ici à deux ans, si l'humidité du sol entre, comme je le pense, pour une forte part dans l'affaiblissement de ses *Jacquez* et de ses *Herbemonts*. Quant au rabougrissement des *Riparias* dont il a été question plus haut, il n'y a guère de doute, pour moi, qu'il faille l'attribuer à la même cause.

Il est important de remarquer que dans la plupart des sols qui, à cause de leur humidité, ne conviennent pas à la vigne américaine, notre vigne européenne, avant l'invasion phylloxérique, végétait cependant d'une manière satisfaisante. De fait, M. le docteur Davin m'écrivait un jour que nos cépages sont beaucoup moins sujets à diverses espèces de *Pourridiés*, hôtes habituels des terrains humides, que les vignes américaines. On pourrait dire aussi qu'ils sont moins sensibles à l'humidité que ces dernières. Cette remarque est importante et satisferait le cultivateur ; mais ce n'est pas une explication.

Il suffirait, pour expliquer cette plus grande sensibilité des vignes américaines à l'humidité du sol, de supposer que ces dernières transpirent moins que notre vigne européenne. On sait, en effet, que la quantité d'eau enlevée au sol par la transpiration des végétaux qui le couvrent est extrêmement considérable. Il est probable, par exemple, qu'un cep vigoureux ne soutire pas moins d'un litre d'eau par 24 heures, au sol qui le nourrit. La vigne est donc pour ce dernier un agent puissant de dessiccation, d'assainissement. Si la vigne américaine lui enlève moins d'eau que la vigne européenne, il peut arriver qu'à certaines époques il y ait, dans un terrain dont le sous-sol est plus ou moins imperméable, une quantité d'eau incompatible avec une végétation vigoureuse. Les expériences comparatives auxquelles se livre depuis quelque temps M. Foëx sur la transpiration des vignes exotiques et indigènes donneront peut-être la clé de ces phénomènes. Je dois dire, en attendant, que c'est une de ses lettres qui m'a fait songer à cette explication.

Un fait important vient appuyer mon opinion sur la sensibilité des vignes américaines à l'humidité du sol ; je ne puis m'empêcher de le signaler encore.

M. Vialla (1) est, je crois, le premier qui ait fait remarquer qu'une forte proportion de silice (quartz, silice, sable) dans le sol est favorable à la végétation des vignes américaines. Maintes fois j'ai entendu des observateurs distingués lui donner raison ; de telle sorte que le fait peut être regardé comme réel.

Personne, que je sache, n'a expliqué l'action de cet agent. On

---

(1) Mémoire cité plus haut et compte rendu du Congrès viticole de Nîmes, 1879, p. 12. — Voir aussi dans la même brochure, le discours de M. Lugol. Les questions d'adaptation et de résistance y sont posées avec clarté.

ne peut pas supposer qu'elle soit de nature chimique, puisqu'il n'existe pas de quantités notables de cette substance dans la plante. Il me semble donc que le sable, comme le fer, exerce une action purement physique.

En effet, les sols siliceux sont généralement secs. Pour qu'ils soient capables de retenir l'eau qui filtre d'autant plus rapidement dans les intervalles des grains de sable que ces derniers sont plus gros, il est nécessaire qu'ils contiennent une forte proportion d'argile ou de calcaire. On peut dire, d'une manière générale, qu'un sol est d'autant plus sec, toutes choses égales d'ailleurs, qu'il renferme plus de sable. Les terrains qui contiennent une certaine quantité de ce dernier, surtout s'il n'est pas trop fin, se ressuient rapidement et ne gardent jamais un excès d'humidité, lorsque le sous-sol est perméable. C'est sans doute à cette propriété qu'ils doivent d'être si favorables à la vigne américaine.

D'un autre côté, les sols siliceux étant plus secs sont aussi plus chauds, ce qui nous ramène à l'influence de la chaleur du sol dont il a été question précédemment.

En résumé :

Les vignes américaines demandent des terrains chauds, les *Æstivalis* surtout. C'est en facilitant l'échauffement du sol, en tant que matière colorante, que le fer des terres rouges est utile à leur végétation. Une trop grande humidité du sol leur est très-nuisible (sauf peut-être au *V. cinerea*). Quant au sable, il ne sert qu'à prévenir la trop grande compacité, la froideur et l'humidité du sol.

J'ai fait tous mes efforts pour réunir dans ce qui précède les seules données que l'on ait actuellement sur l'adaptation des vignes américaines à nos sols et à nos climats, au point de vue le plus général. Je les ai discutées, et j'espère avoir mis en relief les faits les plus certains. Mais ce ne sont là que les points les plus généraux de la question. Chaque espèce de vigne américaine et chaque variété a sa constitution propre et ses exigences particulières dont il importerait d'être instruit avant d'essayer la solution du problème de l'adaptation ; car ce n'est point assez de connaître l'action du sol et de l'atmosphère, il faut encore déterminer la valeur de ce troisième et important facteur qui est la nature de la plante.

Sans doute les traités américains de viticulture nous donneront des renseignements précieux sur les aptitudes de chaque cépage en particulier ; et il sera bon d'user largement de ces données acquises à la pratique (1). Mais il ne faut pas oublier que nous avons besoin de porte-greffes autant que de cépages de production directe et que, sur le compte ces porte-greffes, ces mêmes ouvrages sont absolument muets.

Telle et telle espèce, telle et telle variété sauvage susceptible d'être utilisée comme porte-greffe est-elle mieux adaptée aux stations sèches qu'aux stations humides, aux terrains calcaires, argileux, sableux, etc. ? Telles sont les questions secondaires, mais extrêmement importantes, qu'il importerait de résoudre.

Quelques développements préciseront ma pensée :

Il y a déjà quelques temps que, cherchant à me rendre compte de la raison pour laquelle certaines formes sauvages du *V. riparia* ne réussissent pas en divers lieux, et ne pouvant invoquer pour ces plantes le défaut de résistance au phylloxéra, j'ai essayé de m'expliquer ces insuccès (peu nombreux du reste) par les préférences de ces diverses formes pour tel ou tel terrain, telle ou telle station. Je me disais : « Les boutures de ces plantes sauvages sont récoltées un peu partout, dans les bas-fonds humides sujets à l'inondation, sur les berges des rivières et au sommet des coteaux, dans la montagne et dans la plaine, en terrain argileux, calcaire, sableux, profond, rocheux, fertile,

---

(1) Parmi les travaux faits en France sur l'adaptation des vignes américaines, je signalerai une enquête publiée récemment sous les auspices de la *Commission du phylloxéra de la Charente*. (*Enquête sur les vignes américaines*; Angoulême, 1881). C'est à M. Lajeunie qu'est due la riche collection de faits qui constituent la base de ce travail. Il est à désirer qu'il soit continué. M. Desjardins, secrétaire de la Commission du phylloxéra du Gard, a présenté, au dernier congrès de Lyon, un travail analogue. Espérons que ces exemples seront suivis. Il me paraît difficile, en effet, que les sociétés d'agriculture des régions phylloxérées puissent rien faire, en ce moment, de plus utile à l'avancement de la question.

maigre, etc. Les paquets provenant de plusieurs localités et stations très différentes peuvent être mélangés dans un seul envoi. Nous recevons ainsi, sous un même nom, des plantes en réalité très variées, adaptées à des sols, c'est-à-dire à des conditions physiques et chimiques de nutrition très diverses. Il est impossible que nous ne les placions pas, le plus souvent, dans des conditions différentes de celles où elles ont vécu jusque-là dans leur pays natal, quelquefois même tout opposées. »

C'est sous le coup de ces préoccupations que j'écrivis, au printemps dernier, à M. Eggert de Saint-Louis (Missouri), lui recommandant de séparer avec soin ses graines de vignes sauvages par catégories, mettant ensemble, par exemple, les *Riparias* des stations sèches et ensemble ceux des stations humides.

Je lui disais combien ces distinctions me semblaient importantes et lui conseillais de les appliquer également aux terrains de nature différente, argileux, calcaires, etc. En même temps, je faisais part au public, dans une note insérée au *Journal d'agriculture pratique*, des dispositions de M. Eggert. A quoi cela a-t-il servi ? — Je l'ignore. Mais je pense, jusqu'à preuve du contraire, qu'il y a là des indications importantes (1).

En même temps j'ai fait tout mon possible pour me procurer par mon honorable correspondant de Saint-Louis des renseignements circonstanciés sur le genre de vie des espèces qui habitent le Missouri. On trouvera ci-après le résumé des lettres qu'il m'a écrites à ce propos, avec quelques considérations qui me sont personnelles.

V. RIPARIA.

Cette espèce présente une foule de formes que l'on peut dis-

(1) J'apprends, au dernier moment, de M. Eggert, qu'il a procuré cette année, à quelques personnes qui lui en avaient fait la demande en temps convenable, les graines suivantes : *Riparia des sables légers*; — *R. des bords sableux d'un lac*; — *R. des lieux inondés de la vallée du Mississipi*; — *R. des lieux humides*; — *R. tomenteux des lieux inondés*; — *R. formes glabre et tomenteuse des terrains calcaires*; — *R. des terrains argileux*. — *Cordifolia des terrains calcaires*; — *Cinerea des terrains calcaires*; etc.

tinguer à la pubescence ou au glabrisme des rameaux et des feuilles, à la couleur des tiges et des jeunes pousses, à celle du bois mûr, à la forme des feuilles, etc. MM. Davin (1) et Despetis (2), qui ont les premiers signalé la multiplicité de ces variations, ont renoncé, je crois, à poursuivre cette étude à cause de sa difficulté, le nombre des formes différentes qu'ils avaient eu à enregistrer ayant dépassé le chiffre d'une centaine en peu de temps et s'accroissant à chaque envoi provenant de localités nouvelles.

La nature de ces variations est encore inconnue. On ne sait rien non plus de leur constance. J'ai pensé, contrairement à l'opinion des botanistes américains, qu'un certain nombre d'entre elles pouvaient être le produit d'hybridations compliquées (la variété appelée *Solonis* me paraît être dans ce cas) (3). Peut-être cependant l'hybridation entre espèces ne joue-t-elle pas en cela un rôle aussi important que le croisement entre races ou variétés. Il est remarquable en effet que si les formes d'une même espèce sont nombreuses, celles qui seraient exactement intermédiaires entre deux espèces paraissent être très rares. A l'heure qu'il est, je n'en connais guère de ce genre d'une manière certaine. Il n'est pas impossible que plusieurs des formes dont je parle, soient de

---

(1) Davin, dans *La Vigne américaine*, numéro de janvier 1879.

(2) Despetis, notamment dans le compte rendu des séances du congrès viticole de Nîmes; 1880.

(3) J'ai donné, en 1869, dans mes *Études sur quelques espèces de vignes sauvages*, etc., les raisons principales qui me font regarder le *Solonis* comme un hybride des *V. riparia* et *rupestris*. Mon opinion n'a pas changé sur ce point; tout au contraire, elle s'est fortifiée depuis que j'ai remarqué combien les boutures de *Solonis* de première année ont fréquemment de la ressemblance avec le *Rupestris* dans le port des feuilles et des rameaux : à dix pas de distance, c'est à s'y méprendre. Mais il y a peut-être encore autre chose dans cette plante curieuse que du *Rupestris*.

L'origine du *Solonis* a donné lieu déjà à plusieurs controverses : on a voulu le faire venir du Caucase; mais cette opinion singulière n'a guère d'autre fondement qu'un changement d'étiquette. M. Eggert, trompé par la ressemblance de cette variété avec certaines formes tomenteuses du *Riparia*, a cru, à tort, l'avoir retrouvée dans les environs de Saint-Louis. Enfin, voici à ce sujet un document nouveau qui me semble mériter toute créance. Je le dois à M. Ch Oberlin, ampélographe alsacien distingué, président de la commission du phylloxéra d'Alsace et Lorraine. Il m'écrivait, à la date du 14 janvier dernier :

« Dans un travail sur les vignes sauvages que le grand ampélographe Bronner, con

pures variations sexuelles. Ce qui ferait penser qu'il peut en être ainsi, c'est que, pour un grand nombre, on ne connaît que des plantes mâles. Je dois faire remarquer, à ce propos, que dans les Pyrénées, où j'ai eu occasion d'étudier la vigne européenne à l'état sauvage, les individus mâles m'ont paru plus variables que les plantes fertiles. Peut-être aussi plusieurs de ces variations, surtout celles dans le *vestimentum*, sont-elles de nature analogique, c'est-à-dire qu'elles se présentent régulièrement dans les espèces voisines. Enfin, il n'est pas impossible que quelques-unes constituent des races, des sous-espèces si l'on veut, à caractères fixes, dues à des variations locales, à peu près comme M. de Saporta admet que cela se passe dans le genre Chêne. Un fait qui, à première vue, semblerait contraire à cette dernière opinion, me semble en fin de compte militer en sa faveur. D'après les renseignements fournis par M. Eggert, on rencontrerait généralement plusieurs de ces formes, en même temps, sur un espace assez restreint. Mais il ne faut pas oublier qu'il y a très peu de plantes chez lesquelles la dissémination des graines se fasse d'une manière plus étendue que chez la vigne. Il peut arriver, par exemple que l'on trouve dans le Missouri, à côté d'un *Riparia*

---

seiller d'économie rurale dans le duché de Bade, a légué à une bibliothèque de Carlsruhe, je viens de découvrir une notice qui tranche complétement la question d'origine du *Solonis*. Il nous viendrait de l'Arkansas, où il porte le nom de *Longs*. Voici la traduction textuelle de cette annotation :

Longs, *de l'Arkansas* : *La seule de toutes les vignes américaines qui, comme le Teinturier de la Erance, a le jus rouge foncé.*

Je m'empresse d'ajouter que ce *Longs* existe encore aujourd'hui dans la grande collection Bronner et qu'il est tout à fait identique au *V. solonis*, dont je possède plusieurs exemplaires dans ma collection. »

Suit une description du *Longs* de Bronner, due à M. Oberlin, qui s'applique si bien, trait pour trait, au *Solonis* qu'il me semble inutile de la transcrire ici.

Je ferai remarquer que la note de Bronner concorde complétement avec mon opinion personnelle sur les origines du *Solonis*.

Si cette plante nous vient de l'Arkansas et qu'elle contienne une certaine quantité (très petite assurément) de *sang* de *Rupestris*, il faut que cette dernière espèce ne soit point trop éloignée de la contrée qu'habite le *Solonis*. C'est en effet ce qui a lieu, puisque, d'après les lettres de M. Eggert, le *Rupestris* se trouve dans la chaîne des monts Ozarks : or, celle-ci traverse le Missouri et l'Arkansas.

Espérons que les Américains ne tarderont pas à découvrir une seconde fois cet excellent porte-greffe et à nous le procurer à vil prix.

appartenant réellement par ses ancêtres à cette région, des *Riparias* issus de graines apportées par les oiseaux de la région des lacs ou même du Texas. L'effet de climats si différents sur des plantes de races locales appartenant à des pays aussi éloignés doit être considérable à la longue. Peut-être est-ce, le croisement entre les races aidant, la cause principale de ces variations de dernier ordre dont il nous est si difficile de saisir la raison.

Quoi qu'il en soit de la vraisemblance de ces diverses considérations théoriques auxquelles je viens de me laisser aller, ce qui est certain d'après les observations de MM. Despetis et Davin que mes recherches personnelles confirment dans les points essentiels, c'est qu'un certain nombre de ces formes se comportent d'une manière spéciale suivant les conditions extérieures de sol et de climat au milieu desquelles elles sont placées. Quelques-unes se montrent, dans le plus grand nombre des cas, dans tous ou presque tous les terrains, beaucoup plus vigoureuses que les autres; un très petit nombre, au contraire, n'offrent souvent qu'un développement médiocre ou insuffisant. Au point de vue de la sensibilité au phylloxéra, il existe également des différences notables entre les diverses formes. Je dois ajouter cependant, pour plus de précision, qu'il résulte, à mes yeux, de recherches attentives et réitérées sur ce point, que jamais l'action de l'insecte sur un *Riparia* de race pure ne peut-être assez importante pour compromettre la résistance de ce dernier. Les formes les plus sensibles présentent des nodosités quelquefois assez nombreuses, mais jamais de tubérosités, de telle façon que, *sous ce rapport*, le plus mauvais *Riparia* est encore supérieur au *Solonis;* les plus réfractaires se montrent indemnes ou à peu près.

Ces faits ont une grande importance, car ils nous amènent à conclure, avec les auteurs cités plus haut, sinon à la nécessité, du moins à l'opportunité de faire un choix parmi les diverses formes de *Riparia*. Quels sont, me dira-t-on, les caractères des formes les plus recommandables au point de vue de la vigueur, de l'adaptation à tel ou tel terrain, etc.? Si on les a décrites, quels sont leurs noms; où peut-on se les procurer?

N'ayant pas encore étudié ces formes de *Riparia* d'une façon suivie, il m'est impossible de répondre par moi-même à ces questions; je dois me borner à renvoyer le lecteur aux travaux déjà cités de MM. Davin et Despetis.

J'insère ici quelques détails empruntés aux lettres de M. Eggert, qui me paraissent de nature à intéresser le lecteur :

« Le *V. riparia* se tient habituellement dans le voisinage de l'eau ; mais on le trouve aussi dans les terrains les plus pierreux. Ce n'est pas tant l'humidité qui paraît lui être nécessaire que la lumière. C'est pour cette dernière raison qu'on le rencontre le plus souvent le long des cours d'eau : dans les endroits ombragés des forêts, où croissent les *V. cinerea* et *cordifolia*, il manque complètement; mais on le trouve dans les clairières et sur la lisière des bois. Le lieu où je récolte la plus grande quantité de mes graines est une pente abrupte qui borde le Missouri au-dessus de la ligne du chemin de fer. C'est de ce même endroit que M. Bush tire la plus grande partie de ses boutures ; il y possède un vignoble. Le sol est complètement couvert de rochers et de pierres calcaires, qui ont roulé d'en haut, sans terre végétale par dessus. Il y avait une forêt en cet endroit. Les arbres ayant été coupés, le *Riparia* couvre tout cet espace et cache les rochers sous son feuillage luxuriant. En ce point, on ne rencontre guère que cette espèce; les autres devienent plus fréquentes à mesure qu'on remonte vers le Méramec. C'est là que j'ai trouvé les meilleurs fruits et que j'ai récolté cette année (1880) la plus grande quantité de mes graines. Cette espèce se rencontre également en abondance dans plusieurs autres localités. Dans les bois, les fruits sont dévorés de bonne heure par les oiseaux... Ici (dans le Missouri), les baies sont généralement petites. Le bois de l'année est de teinte plus ou moins jaune, plus ou moins grisâtre ; il est finement strié, tantôt glabre, tantôt tomenteux. Les feuilles varient également : leur couleur est d'un vert plus ou moins foncé; tantôt elles sont tomenteuses sur toute leur surface inférieure, tantôt seulement sur les nervures. La forme glabre m'a paru avoir fréquemment les fruits plus gros et plus beaux que ceux de la forme tomenteuse. Il ne me paraît pas convenable de donner pour ce fait à cette dernière un nom spécial; on pourrait seulement la désigner sous le nom de variété tomenteuse. Il ne faut pas songer à des hybrides entre cette espèce et les *V. cinerea* ou *æstivalis* (1), à cause des différences dans les époques de floraison de ces espèces. Le *V. riparia* fleurit à la fin d'avril et au commencement de mai; les *V. æstivalis* et *cinerea* un mois et six semaines plus tard. Les seuls hybrides possibles seraient entre *Riparia* et *Cordifolia*, et encore faudrait-il, pour les produire, des conditions exceptionnellement favorables, car le *V. cordifolia* fleurit après le *V. riparia* (2). Mon opinion est qu'il ne se produit pas d'hybrides entre nos quatre espèces de vignes, par cette raison qu'elles fleurissent, non en même temps, mais les unes après les autres. — Le *Riparia* croît non-seulement au voisinage de l'eau, mais aussi sur les collines; toutefois, dans ce dernier cas, en quantités beaucoup moins considérables, plus isolé. On le trouve non-seulement sur le calcaire, mais dans tous les terrains, par exemple dans nos *bluffs* (sables qui constituent l'ancien lit du Mississippi). M. Engelmann m'apprend que dans le nord des États-Unis c'est la seule vigne que l'on rencontre.

« Les fruits mûrissent ou bien déjà en juillet, ou bien, plus tard, en août et septembre. Les derniers sont généralement plus gros que les premiers. Dans les *bluffs*, j'ai pu en recueillir encore vers la fin de novembre. Pendant l'automne ils sont recouverts d'une fleur grisâtre.

« La forme tomenteuse ou *Solonis* (1) se rencontre parmi la

(1) Je traduis et ne discute pas.

(2) En 1880, à Bordeaux, ces mêmes vignes ont fleuri :
V. riparia, du 4 jusqu'au 24 mai.
V. rupestris, huit à dix jours plus tard.
V. cordifolia, du 1er au 24 juin.
V. æstivalis, du 15 juin au 4 juillet.
V. cinerea, à partir du 4 juillet. — Il n'y a aucun doute, d'après cela, que cette dernière plante constitue une espèce propre, ainsi que je l'ai pressenti en 1879 (*Études sur quelques espèces de vignes sauvages*), et non une simple variété du *V. æstivalis*, comme le pensait M. G. Engelmann.

(3) C'est par erreur, ainsi que je l'ai dit plus haut, que M. Eggert donne ce nom à la forme tomenteuse.

forme glabre. J'en ai trouvé des individus qui avaient fait des pousses de 12 à 20 pieds de long. Les fruits en sont pareils à ceux de la forme glabre et mûrissent à la même époque. On la rencontre aussi bien sur les collines que dans la vallée. »

V. CORDIFOLIA

Cette espèce est encore assez peu connue des viticulteurs, car la difficulté avec laquelle elle reprend de boutures a empêché sa diffusion dans les collections. Cependant, plusieurs personnes qui en ont fait des semis, d'après mes conseils, en possèdent déjà des quantités considérables. Elles ne tarderont pas à être indemnisées de leurs sacrifices, car tout concourt à prouver que le *V. cordifolia* sera pour nos vignes européennes un porte-greffe de premier ordre (1).

Il existe de nombreuses formes de cette espèce. Sans avoir cherché à faire une étude spéciale de ces dernières, j'en ai rencontré déjà une demi-douzaine dont une me paraît (à première vue) assez exactement intermédiaire aux *V. cordifolia* et *riparia.* MM. Despetis et Ch. de Grasset m'ont signalé une forme qui est pourvue de poils raides, solides, formant des sortes d'aiguillons et qui ont plus d'une analogie avec les poils glanduleux des *Labruscas.* Ces formes demanderaient une étude attentive. A ceux qui voudraient l'entreprendre, je rappellerai un caractère que j'ai signalé dès longtemps (2) et qui peut servir à distinguer les *Cordifolias* des *Riparias* et à reconnaître leurs hybrides. Tandis que, dans ces derniers, les diaphragmes sont nettement délimités et presque aussi minces qu'une feuille de papier, ils sont nuls ou très épais et à bords diffus dans le *V. cordifolia.*

M. Eggert me transmet les notes suivantes sur cette espèce : « Le *V. cordifolia* se trouve partout, dans les terrains élevés et bas, secs et humides. C'est de toutes nos vignes celle qui a les troncs les plus gros. Les feuilles sont généralement entières,

---

(1) Pour ces questions de greffage, je renvoie le lecteur au chapitre suivant.

(2) Dans *La question des vignes américaines.*

mais quelquefois tribolées; d'un vert sombre, brillant en dessus; habituellement glabres en dessous, mais, quelquefois aussi, tomenteuses. Il fleurit vers le milieu de mai et mûrit ses fruits en septembre et octobre, un peu avant le *V. cinerea*. Les baies ne sont pas pruineuses en général; c'est le contraire pour le *V. riparia*. Mais, pour l'une et l'autre espèce, on rencontre des exceptions. — Fruits acides, d'une saveur et d'une odeur désagréables, au moins avant les gelées. »

D'après ces notes, le *V. cordifolia* posséderait une grande puissance d'adaptation. Nous saurons bientôt les résultats que sa culture a donnés dans nos terrains. Au Jardin des Plantes de Bordeaux, la vigueur de la forme la plus commune n'a de rivale que dans celle du *Mustang*. Je connais deux formes à feuilles petites, épaisses, presque coriaces (l'une provenant de l'État de Delaware), qui, en divers lieux, sont restées chétives, bien que le phylloxéra n'en attaque pas sensiblement les racines.

V. CINEREA.

Encore assez peu répandu. Cependant on le rencontre çà et là, mêlé accidentellement aux *Riparias*. Des semis considérables en ont été faits dans ces deux dernières années, sur mes recommandations. Dans le Missouri, cette espèce habite de préférence les bas-fonds humides. Au jardin botanique de Bordeaux et à la pépinière de la Société d'agriculture de la Gironde, elle se montre extrêmement vigoureuse. Dans le Var, chez M. de Fabry, quelques pieds égarés parmi les *Riparias* sur des pentes argilo-calcaires assez maigres font bonne contenance depuis quatre ans, bien qu'ils le cèdent notablement en vigueur à leurs voisins.

Voici, à ce sujet, quelques renseignements complémentaires que j'extrais d'une lettre de M. Eggert.

« Le *V. cinerea* se plaît dans les forêts basses, le long du Mississipi, qu'il habite presque exclusivement et où on le voit grimper aux plus grands arbres. On le trouve aussi, mais exceptionnellement, çà et là sur les collines, le long des fossés et même sur les terrains pierreux. Le bois jeune est cannelé et généralement tomenteux, cependant aussi quelquefois presque glabre. Les feuilles ont de la ressemblance avec celles du *V. æstivalis*, ce qui rend la distinction de ces deux espèces difficile au printemps. Toutefois, il faut remarquer que celles du *V. æstivalis* sont d'une teinte plus rouge, celles du *V. cinerea* d'une couleur plus blanchâtre. Les caractères du jeune bois permettent de distinguer facilement les deux espèces. — Cette vigne est la dernière à fleurir chez nous (fin juin, commencement de juillet) et aussi la dernière à mûrir (fin septembre, un peu après le *V. cordifolia*). Les fruits sont petits, non pruineux, très acides, mais cependant d'une saveur agréable. Je recommanderais beaucoup cette espèce dans les terrains d'alluvion, surtout ceux qui sont sujets à être submergés pendant quelques semaines. »

C'est, avec le *V. monticola* de Buckley, de toutes les vignes sauvages des États-Unis, celle dont les fruits ont le plus d'analogie, pour le goût, avec ceux de notre vigne européenne. La saveur en est franchement acidule et sucrée. Après vient, sous ce rapport, le *V. æstivalis*, dont le fruit (il s'agit de fruits desséchés) est très sucré et assez droit de goût, mais d'une saveur analogue à celle des pruneaux. Le *V. riparia* a une pointe de sauvage; enfin, le *V. cordifolia* est réellement d'un goût et même d'une odeur pharmaceutique désagréables.

On verra dans un prochain article que cette espèce reprend beaucoup mieux de boutures qu'il n'a semblé jusqu'ici et qu'elle reçoit la greffe de nos cépages. Elle deviendra donc probablement le porte-greffe par excellence des terrains humides et pourra peut-être s'accomoder des sols mal drainés où le *Riparia* ne réussit pas complètement. J'en recommande l'essai dans les palus de la Gironde.

Le *V. cinerea* est certainement très polymorphe, comme toutes les autres espèces. On trouve des individus qui sont entièrement couverts, feuilles et tiges, d'un velours épais de poils dressés, courts, incolores ou roussâtres, tandis que d'autres ne sont que médiocrement tomenteux. Les feuilles sont presque entières, cordées ou profondément 3-5 lobées. Les tiges, dans la jeunesse, sont plus ou moins profondément cannelées, polygonales, d'aspect sarmenteux, à entrenœuds allongés ; et le bois mûr de couleur claire, cendrée après l'hiver. Cependant, malgré tous ces caractères qui différencient le *Cinerea* du *V. æstivalis*, il peut devenir très difficile de dire, dans un cas donné, à laquelle de ces deux espèces on a affaire, tellement leurs caractères distinctifs sont quelquefois intimement combinés.

V. ÆSTIVALIS.

« Cette espèce vit presque exclusivement sur les collines, où elle se partage le terrain avec le *V. cordifolia ;* lorsqu'elle descend dans la plaine, elle reste sur les parties élevées. Le jeune bois a généralement une teinte jaunâtre ; il est strié, tantôt lisse, tantôt présentant des poils assez forts. Feuilles entières ou découpées, offrant, à la face inférieure, des poils laineux d'un blanc grisâtre (1). Grappes tantôt longues et lâches, tantôt courtes et serrées. Fleurit fin mai et commencement de juin ; mûrit fin août et en septembre. Fruits plus gros que dans les autres espèces, sucrés, mais un peu âpres. — Croît dans tous les terrains, sur les calcaires arides comme dans les argiles les plus compactes et les sables. » (Eggert.)

J'ajouterai qu'au printemps les bourgeons en voie de développement sont d'un beau rouge vineux ; que le bois, à maturité, est de couleur rouge brun foncé, qu'il est plus fort et à entrenœuds plus courts que celui du *V. cinerea*. J'ai toujours vu, à la base des rameaux principaux, sur une hauteur de quelques centimètres et autour de leurs entrenœuds inférieurs, des poils subulés roux plus ou moins nombreux. Enfin, la face inférieure des feuilles présente des poils allongés, roussâtres, couchés sur les principales nervures.

Plusieurs personnes, à ma connaissance, ont semé des graines de cette espèce ; très peu en ont été satisfaites : celles-ci germent

(1) J'aurais écrit : d'un blanc roussâtre.

difficilement; et les plantes se développent mal. Cependant le système radiculaire est à peu près invulnérable à l'insecte. Nul doute, par conséquent, que cette espèce s'adapte difficilement à notre climat et à nos terrains. Comme, de plus, elle ne reprend pas de boutures, les viticulteurs feront bien de n'en user qu'avec une grande réserve.

V. RUPESTRIS.

D'après M. Engelmann, dans le Missouri et l'Arkansas, cette plante croît sur les bancs de sable, le long des courants d'eau, dans les montagnes; au Texas, on la trouve également sur les plateaux rocheux : c'est de cette dernière station que lui vient son nom spécifique. J'ai vu le *Rupestris* fort beau dans des terrains profonds, qu'ils soient argileux, argilo-calcaires, siliceux ou alluvionnaires. Dans le Var, chez M. de Fabry, dans un sol phylloxéré argilo-calcaire des plus mauvais, où le Taylor dépérit et meurt, le *Rupestris* est sain, mais peu développé. Cette vigne sera sous peu un de nos premiers porte-greffes. Son bois est résistant, raide, compacte, à moelle étroite, très-propre, en un mot, à l'opération du greffage. Reste à savoir si cette plante, qui s'accommode bien des terrains frais et profonds, ne redoute pas les sols trop secs.

V. MONTICOLA.

Tandis qu'à l'École d'agriculture de Montpellier et chez M. Davin, dans le Var, en terrain argilo-calcaire sec, cette plante se montre très vigoureuse, chez M. L. Guiraud, à Nîmes, elle est restée chétive. Cet état me paraît causé par un excès d'humidité du sol.

IV

BOUTURAGE ET GREFFAGE.

Passons une dernière fois en revue les espèces dont il a été question dans les articles précédents, pour les considérer au point de vue du bouturage et du greffage.

On sait que le *V. riparia* reprend de bouture plus facilement même que notre vigne européenne ; avec un peu de soins on peut avoir en plein champ, une réussite de 95 p. 100. D'après quelques essais personnels dont les résultats me sont confirmés par MM. Ganzin, Davin, Champin, le *V. rupestris* se comporte de la même façon.

Les *V. cordifolia, flexuosa et æstivalis* reprennent difficilement de boutures en pleine terre. Leur reprise peut être obtenue sur couche chaude, pour les deux premiers, dans la proportion de 6 à 8 p. 100 environ ; pour le *V. æstivalis*, elle réussit encore plus difficilement.

Le *Mustang* reprend très mal en pleine terre ; sur couche chaude, la reprise peut atteindre 30 p. 100 (1).

Le *V. cinerea* réussit beaucoup mieux mais non constamment. Chez Mme Ponsot, en palud très humide, la reprise a été, en 1879, de 40 p. 100 environ. Ailleurs, dans un terrain qui n'est pas spécifié, elle aurait atteint 65 p. 100, dans le sable léger de mon jardin elle est de 50 à 60 p. 100.

Ainsi qu'il a été dit déjà plus haut, la forme moins tomenseuse du *V. Monticola* reprend de bouture dans la proportion de 50 p. 100, au maximum. La forme plus velue du Dr Davin, a, en 1881, dépassé 30 p. 100.

C'est ici le lieu d'appliquer les conclusions relatives à l'influence de la température du sol sur le développement des racines, qui ont été formulées dans un des articles précédents. — D'après les données auxquelles je fais allusion, il est probable qu'on aiderait à la reprise des espèces ou variétés qui s'enracinent difficilement en plein champ, en répandant à la surface du sol des substances de couleur foncée, qui favorisent l'échauffement de ce dernier, du fumier bien fait, par exemple, de l'humus, de

(1) Ces chiffres m'ont été communiqués par M. Caille, jardinier en chef au Jardin botanique de Bordeaux. Ils datent de quelques années. Depuis, M. Caille a obtenu des succès plus nombreux. M. Lascrre, vice-président du comice agricole d'Agen, qui a opéré avec les mêmes boutures que ce dernier, a obtenu, *en plein air, sans autres soins que les ordinaires,* 40 p. 100 *de reprise pour le* V. CORDIFOLIA. — Est-ce par suite d'un échauffement facile du sol?

4

la terre de bruyère, des matières charbonneuses, des escarbilles, etc. Les mêmes soins devront être appliqués également aux graines de germination difficile, *V. cordifolia*, *cinerea*, *candicans*. Les boutures pourront être inclinées de façon que leur extrémité inférieure ne soit pas placée dans une couche du sol à température trop basse. Les arrosages devront être fréquents, gradués d'après l'humidité du sol et faits avec de l'eau tiède. Si je ne fais pas erreur, des pratiques analogues auraient déjà depuis longtemps fourni de bons résultats à l'un de mes honorables correspondants, M Bouschon, de Roquemaure (Gard).

Toutes les vignes dont il a été question, même le *V. æstivalis*, peuvent être multipliées par le marcottage. Ce procédé de multiplication devra être appliqué aux *V. cordifolia*, *flexuosa*, ainsi qu'aux formes de *Cinerea* et *Monticola*, qui sont plus rebelles au bouturage ordinaire.

Occupons-nous maintenant du greffage.

Les viticulteurs emploient fréquemment divers procédés de greffage souterrain des vignes américaines sur vignes françaises pour multiplier rapidement les bois des premières. Le greffage réussit généralement avec toutes les espèces dont il a été question plus haut. Cependant on peut remarquer que pour chaque espèce les résultats du greffage sont d'autant meilleurs que l'espèce reprend plus facilement de bouture.

Quant à l'opération inverse, c'est-à-dire à la greffe de nos cépages sur souche américaine sauvage, je peux ajouter quelques renseignements importants à ceux que j'ai publiés en 1879 dans mes *Études sur quelques espèces de vignes sauvages*.

On savait à cette époque que la greffe sur *V. riparia* réussit en proportion directe de l'adresse du greffeur, c'est-à-dire qu'un ouvrier très habile étant donné, la réussite serait de 90 à 95 p. 100 ; les mérites comme porte-greffes des autres espèces de vignes étaient inconnus. Depuis cette époque, la greffe de nos variétés sur *V. rupestris* a été tentée par diverses personnes. D'après les essais que j'ai vu chez M. Ganzin, près de Toulon, elle réussirait sensiblement aussi bien que sur *V. riparia*. MM. Champin,

Despetis, Jæger (de Neosho, Missouri), attestent également la bonne réussite des greffes faites sur *Rupestris*.

Quant au *V. cordifolia*, Mme Ponsot est la seule, à ma connaissance, qui l'ait employé comme porte-greffe; la réussite a été de 100 p. 100 (13 sur 13). La greffe sur *V. cinerea*, au contraire, a presque complètement échoué entre ses mains. Mais cet insuccès tient sans doute à quelque cause accidentelle, car j'ai vu chez M. Gachassin-Lafitte trois belles greffes européennes sur semis de *cinerea* de deux ans. Sur six greffes, trois avaient réussi.

D'après divers renseignements, la vigne française greffée sur *Mustang* prospérerait au Texas. En fait, M. Léonce Guiraud, de Nîmes, m'a montré, en septembre dernier, deux *Clairettes* greffées depuis deux ans sur cette vigne, qui étaient chargées de fruits.

M. Wetmore vient de nous apprendre que le *V. californica*, qui reprend difficilement de boutures, constitue un porte-greffe de premier ordre pour nos variétés européennes (1).

Dans mes *Études sur quelques espèces de vignes sauvages*, j'ai proposé d'employer directement les plantes de semis comme porte-greffes de nos cépages, en greffant ces derniers sur la tige de ces jeunes vignes coupées à une vingtaine de centimètres au-dessus des racines. Je ne sais si beaucoup de personnes ont suivi cette indication. M. P. Petit, secrétaire de la Société d'agriculture de l'Indre, qui a fait de nombreux essais dans cette direction, a réussi dans un grand nombre de cas. Néanmoins, il préfère employer les semis à produire des bois qui sont plantés en pépinière, sous forme de boutures, pour être ensuite greffés par les procédés usuels. Un des grands inconvénients des vignes de semis, d'après mon honorable correspondant, serait dans les nombreux rejets qui naissent à la base de la plante et qui nécessitent pendant quelque temps des soins constants de la part du vigneron, obligé de les retrancher à mesure qu'ils se montrent. Quelques essais me font penser qu'on arriverait à atténuer considérablement cet inconvénient en éborgnant avec soin, dès la

(1) Dans *State viticultural commission of California. — First annual report*, p. 27 et suiv. — San-Francisco, 1881; Edward Bosqui and C°.

première année, tous les bourgeons inutiles dans la partie inférieure du porte-greffe.

Puisque je suis sur ce sujet, je dois dire encore qu'une personne très compétente a fait aux plantes de semis, employées directement comme porte-greffes, une autre objection non moins grave. Les plants de semis ont, comme on le sait, les premiers nœuds, ceux de la base de la tige, extrêmement rapprochés. Comme au niveau des nœuds le bois est plus dur que dans les intervalles de ces derniers, il en résulte que dans cette région le bois ne se laisse pas couper tout à fait également et que la surface de section, au lieu d'être parfaitement lisse, se trouve un peu ondulée, ce qui nuit à son application exacte à celle du greffon.

Rien n'est plus vrai. Mais je ferai remarquer, ainsi que je l'ai dit déjà lorsque j'ai proposé de greffer directement sur plants de semis, qu'on ne doit pas greffer ces derniers à la base, c'est-à-dire au collet, mais à 20 ou 25 centimètres plus haut. En effet, si la greffe avait lieu au collet, comme le point de la soudure doit être placé sensiblement au niveau du sol, ou même un peu au-dessus, il arriverait que les racines latérales supérieures du plant seraient tout à fait superficielles. Mais on recommande, comme chacun le sait, de planter la vigne assez profondément, surtout dans certains terrains, pour forcer les racines à se maintenir dans des couches où règne une fraîcheur suffisante. C'est pour satisfaire à ce précepte que j'ai conseillé de greffer les plants de semis, non au collet, mais à 20 ou 25 centimètres au-dessus de ce dernier. A cette hauteur, les nœuds sont déjà distants de 7 à 15 centimètres; et, par conséquent, l'inconvénient signalé plus haut n'existe plus.

Enfin, on a reproché aux plants de semis d'avoir du bois grêle. Cela tient à la ramification abondante de leur région inférieure. On remédiera à cet inconvénient en éborgnant, ainsi que je le conseillais plus haut, tous les yeux de la jeune plante, jusqu'à un pied du sol. Cette opération suffira à concentrer dans une tige unique l'accroissement des huit ou dix rameaux qui, sans cette opération, se produiraient à la base de la plante, de la première à la deuxième année. Des semis traités de cette façon, lorsqu'ils sont en bon terrain, suffisamment espacés, ont, après la troisième feuille, une tige de la grosseur du doigt.

Si je suis revenu aussi longuement sur cette question de l'utilisation des plants de semis comme porte-greffes, ce n'est point par suite d'un attachement aveugle pour une idée personnelle, mais parce qu'il me semble que rien ne pourrait être plus utile à notre vigne européenne que d'être appuyée sur un système radiculaire aussi puissant que celui des plantes de semis. Il n'y a, en effet, aucune comparaison à établir à cet égard entre ces dernières et les boutures ordinaires ; les différences sont si considérables qu'il me semble impossible d'en donner une idée à qui n'a pas été à même de les constater déjà *de visu*.

Le lecteur sait que, dans son traité de greffage (1), Mme Ponsot donne à la greffe anglaise à double fente, sur raciné américain, la préférence sur tous les autres procédés de greffage employés à la reconstitution des vignobles. C'est, sans doute, avec raison, car cette greffe est, de toutes, celle qui semble réunir le plus de conditions de soudure parfaite. Malheureusement elle est difficile sur les vignes *en place;* aussi la fait-on habituellement sur plante racinée *arrachée*. A ce point de vue elle est donc infiniment moins pratique que la greffe en fente simple, qui est d'une exécution facile en plein vignoble.

Je crois donc être utile en faisant connaître que j'ai vu, chez MM. Ganzin et Vidal, dans le Var, des greffes en fente d'un et deux ans dont la soudure était irréprochable et le recouvrement complet. Celles de M Ganzin n'étaient certainement pas affranchies. Elles avaient été faites sur souches très jeunes (1 et 2 ans) et c'est là sans doute la première cause de leur réussite. Au reste, Mme Ponsot elle-même a fait remarquer que les causes d'insuccès pour la greffe en fente perdent d'autant plus de leur importance

---

(1) *De la reconstitution et du greffage des vignes,* par Mme veuve Ponsot, Bordeaux, Duthu, 1880.

que le porte-greffes est plus jeune (1). C'est que, dans ce cas, le sommet du sujet se trouve de bonne heure recouvert par les callosités qui prennent naissance dans la couche génératrice des deux bois greffés.

La pratique s'est enrichie, il y a peu de temps, d'une greffe destinée surtout à provoquer l'enracinement des bois américains d'un bouturage difficile. Elle a été proposée par M. Lespiault (2), de Nérac, qui m'a fait l'amitié de me la dédier. Partout où je l'ai vu employer, elle a donné des résultats excellents. On obtient facilement par ce procédé de 80 à 90 p. 100 de reprise pour le *Jacquez*. Aussi beaucoup de personnes, au lieu de mettre ce cépage en pépinière, pour le faire enraciner, n'hésitent-elles pas à le planter en place du premier coup, en le greffant par ce procédé. On remplace les manquants à la seconde année par du plant élevé en pépinière.

On trouvera la description de la greffe Millardet dans la *Vigne américaine* et aussi dans l'ouvrage de Mme Ponsot. Il me suffira de dire, pour en donner une idée, qu'elle consiste dans la greffe à l'anglaise en double fente d'un raciné quelconque, français ou américain, sur le côté et vers le milieu de la bouture dont on veut obtenir l'enracinement. Le point greffé est enterré assez profondément dans le sol. La bouture vit d'abord aux dépens de l'enraciné. Mais bientôt ses racines se développent à leur tour : elle se trouve alors pourvue d'un double système radiculaire, celui de l'enraciné

---

(1) Ouvrage cité p. 10.

(2) Voir le n° de décembre 1879 de *La Vigne américaine* et l'ouvrage cité de Mme Ponsot.

« Je viens de prendre connaissance, au moment de la correction des épreuves, d'un article important de M. Lasserre inséré au n° de mars dernier de *La Vigne américaine*. L'honorable vice-président du Comice agricole d'Agen, après des essais méthodiques sur divers procédés de greffage, d'un côté sur souches en place, de l'autre sur racinés arrachés et greffés à l'atelier, donne la préférence *à la greffe en fente sur jeunes enracinés en place*. D'après lui, cette greffe sur *enracinés de deux ans* donne d'aussi bonnes soudures que les autres greffes. En outre, la greffe *sur place*, par quelque procédé qu'elle ait été faite, a sur les greffes semblables faites *à l'atelier sur raciné arraché* l'avantage de faire gagner deux récoltes. Des *Taylors* de deux ans, greffés sur place par européens, ont fourni une récolte pleine l'année après la greffe. Je recommande vivement ces faits à l'attention du lecteur. »

et le sien. Aussi obtient-on facilement par ce procédé des pousses de 1 à 2 mètres dès la première année et du fruit à la troisième.

Une dernière remarque, en terminant : elle sera, pour les partisans des vignes américaines, le plus puissant des encouragements.

Plus d'un lecteur apprendront avec étonnement qu'il est facile actuellement de se procurer d'excellentes greffes à l'anglaise de nos cépages sur vignes américaines résistantes, à 50 fr. le millier (prix du bois américain non compris).

Comme il n'est pas à supposer que le bénéfice que le greffeur retire de cette vente soit moindre que 25 fr., les frais inhérents à l'opération du greffage se trouveraient être ainsi de 25 fr. environ par millier. Ces frais seraient encore moins élevés pour le propriétaire qui, n'opérant pas industriellement, pourra employer ses ouvriers au greffage, les jours où le travail du dehors est impossible, durant les mois de mars et d'avril et même jusqu'au mois de juin.

Or, comme dans deux ou trois années les meilleurs porte-greffes vaudront au plus 20 fr. le mille, on peut préjuger déjà que le prix du millier de plants français greffé sur américains résistants et soudés ne tardera guère à se trouver abaissé à 60 ou 70 fr. le mille (en tenant compte des insuccès).

A ce prix, il n'y a pas un propriétaire, dans les trois cinquièmes du vignoble français, qui ne soit prêt à mettre, d'une façon définitive, ses vignes à l'abri du phylloxéra.

Telle serait, à mon avis, la solution la plus satisfaisante du problème phylloxérique. Mais il ne faut pas oublier qu'un ennemi de la vigne européenne mille fois plus terrible que le phylloxéra, le *mildiou*, a fait récemment son apparition en Europe.

Il n'est donc pas impossible que la greffe sur vignes américaines, bien qu'elle assure l'existence de nos cépages contre les atteintes du phylloxéra, doive cependant être abandonnée. Ce résultat serait fatal si on arrivait à reconnaitre l'impossibilité de continuer avec fruit la culture de notre vigne européenne en face du nouveau et formidable fléau qui la menace.

Il faudrait alors chercher une autre solution. Je vais dire laquelle.

V

LE PRÉSENT, LE PASSÉ ET L'AVENIR

DE LA QUESTION DES VIGNES AMÉRICAINES

J'ai fait mes efforts pour donner dans ces Notes, un résumé des faits les plus importants acquis à la question des vignes américaines, dans ces deux dernières années. Avant de quitter la plume, je voudrais, maintenant que le lecteur est au courant des détails, revenir encore sur ce sujet pour le traiter à un point de vue plus général. Il me semble, en effet, extrêmement important pour l'avenir de notre viticulture, que tout le monde soit à même de se faire une idée nette du parti que nous pouvons tirer des vignes américaines et d'apprécier à leur juste valeur les idées qui ont présidé au développement de cette nouvelle et importante question. Si ces idées sont vraies, nous devrons continuer à les appliquer avec méthode; sinon, il faudra y renoncer et prendre une autre voie.

Les vignes américaines proposées d'abord pour la reconstitution de nos vignobles, soit comme plants de culture directe, soit comme porte-greffes de variétés européennes, furent les cépages que M. Laliman avait signalés comme résistants, en 1869. — C'était naturel.

Amené à étudier ces questions en 1874, je ne tardai pas à reconnaître que tous ou presque tous ces cépages avaient été fort mal classés jusque-là par les pépiniéristes, les ampélographes et même les botanistes. En effet, une analyse attentive me faisait voir clairement que chacun d'eux, au lieu de présenter les caractères d'un type spécifique unique, comme on l'admettait généralement, montre des traces de croisements entre plusieurs espèces.

En outre, comme je retrouvais parmi les espèces composantes de ces cépages des types peu ou pas résistants au phylloxéra *(V. labrusca, V. vinifera)*, j'en conclus que chez eux la résistance à l'insecte ne pouvait pas être à son maximum. Pour rencontrer cette précieuse propriété à sa plus haute expression, il devenait nécessaire de rechercher des vignes qui n'eussent pas subi de croisement avec les espèces non résistantes ; il fallait, en un mot, remonter aux types sauvages qui avaient donné aux cépages américains dont il est question leur degré plus ou moins grand de résistance à l'insecte.

Ces vues, en même temps qu'elles laissaient l'espoir de découvrir des vignes d'une résistance absolue, donnaient l'explication des variations et des défaillances dans la résistance des cépages dont il a été fait mention plus haut. D'après cela en effet, les *Clinton*, *Taylor*, *Norton's-Virginia*, *York-Madeira*, *Jacquez*, *Herbemont*, *Gaston-Bazille*, *Vialla*, *Solonis*, etc., sont d'autant plus résistants qu'ils contiennent une plus forte proportion de sang d'*Æstivalis* et de *Riparia* (espèces résistantes), d'autant plus sensibles à l'insecte, au contraire, qu'ils offrent une consanguinité plus étroite avec les *V. labrusca* et *vinifera* (espèces non résistantes).

Les questions de résistance, jusque-là obscures, se trouvaient ainsi éclairées et dominées par un principe scientifique, celui de l'hérédité. Il n'y avait plus, comme l'écrivait M. Planchon, dans son principal ouvrage (1), des *Labruscas* résistant au phylloxéra et d'autres qui en souffrent plus ou moins, sans compter ceux dont le degré de résistance était encore inconnu. Tout ce qui était *Labrusca* ou *Vinifera pur* devait succomber à l'insecte ; tout ce qui était *Labrusca* ou *Vinifera croisé* devenait plus ou moins capable de résistance, suivant que les espèces intervenues dans le croisement le sont elles-mêmes plus ou moins. Les mêmes principes s'appliquaient à tous les cépages américains, à ceux du groupe des *Æstivalis* comme à ceux de la classe des *Riparias*.

---

(1) Planchon ; *Les vignes américaines*, 1875.

C'était, on le voit, la subordination de l'empirisme aveugle qui avait régné jusque-là à une idée scientifique. L'expérimentation continuait à devenir nécessaire, mais on lui donnait un guide. Beaucoup de tâtonnements devaient être ainsi évités, beaucoup de déceptions prévenues, des dépenses considérables épargnées.

Il semble que cette théorie si simple et si naturelle, fondée sur des faits organographiques d'une constatation facile, dût être acceptée. — Il n'en fut rien. Les ampélographes qui venaient justement d'enregistrer ces vignes dans leurs catalogues, en passant à côté des seuls faits intéressants qu'elles eussent à présenter, accueillirent ces idées avec une mauvaise grâce marquée. C'était le temps où M. Planchon venait de résumer, dans son ouvrage cité plus haut, les catalogues des pépiniéristes américains. Nos descripteurs de vignes, bonnes gens s'il en est et incapables de sortir de l'ornière, ouvrirent cet évangile, dirent *amen* et me traitèrent d'hérétiqne. — *O sancta simplicitas !*

Je dois dire encore que si mes idées ont eu d'abord peu d'écho, cela tient surtout à ce que, dès l'origine, la question s'est trouvée entre les mains d'un petit nombre d'adeptes. Or, on avait fait venir quelques centaines de milliers de *Concords*, de *Clintons* et de *Taylors*, qui avaient coûté cher. Avant de regarder de trop près aux théories et à la résistance de ces plantes, il convenait de rentrer dans le capital engagé. Il fut convenu entre les adeptes que mes idées, puisqu'elles avaient fait baisser le prix de ces cépages, devaient être fausses et présentées comme telles, ce qui fut fait.

Mais passons. Tout cela est déjà loin, et ne mérite pas de nous arrêter davantage.

Ainsi que je le disais plus haut, ma théorie me donnait l'espoir de rencontrer, parmi les types sauvages, des vignes d'une résistance absolue ou du moins infiniment plus certaine que celle des cépages cultivés que l'on avait seuls recommandés jusqu'alors. Dès le printemps de 1875, je m'étais mis à l'étude de ces vignes sauvages, en faisant cultiver, chez M. Fabre, à Saint-Clément, quelques représentants des rares spécimens de *V. æstivalis*, *cordi-*

folia, *riparia* et *labrusca* sauvages découverts par moi dans diverses collections. Ces recherches furent continuées jusqu'en 1879. Les résultats en ont été consignés dans le *Journal d'agriculture pratique* (n° du 28 novembre 1878) et dans mes *Études sur quelques espèces de vignes sauvages*. Il suffira de rappeler qu'elles fournirent une confirmation éclatante de mes vues sur l'hérédité de la résistance au phylloxéra et sur la nature hybride des cépages américains cultivés. Je démontrai le premier par l'expérience, après l'avoir fait pressentir par l'induction scientifique, que les espèces sauvages *(V. cordifolia, æstivalis, cinerea, rupestris, riparia)* sont incomparablement plus résistantes que toutes les variétés cultivées que l'on en fait descendre.

Avec la résistance absolument certaine des vignes sauvages, la question entrait dans sa deuxième phase : la première, c'était, on l'a vu, le cépage cultivé. Si l'empirisme a présidé à celle-ci, la seconde a plus particulièrement des origines et le caractère scientifiques.

Cette évolution ne s'est pas faite subitement. Voici l'indication des principales étapes qu'il a fallu franchir pour arriver à l'état de choses actuel.

En novembre 1874 (1), j'appelais l'attention de l'Académie sur la résistance du *V. æstivalis* et proposais l'étude des *V. cordifolia* et *riparia* à ce même point de vue. Deux (2), trois et quatre (3) années plus tard, successivement, j'affirmais, d'après mes observations personnelles, la résistance du *V. riparia* et la non résistance du *V. labrusca*.

En 1878 (4) et 1879 (5), je publiais l'ensemble de mes recherches sur six espèces de vignes américaines et concluais à la résis-

(1) *Études sur les vignes d'origine américaine qui résistent au phylloxéra*, p. 45 et 46, Paris, Gauthier-Villars. Mémoire présenté à l'Académie des sciences en novembre 1874 et publié par elle en janvier 1876.

(2) Dans un mémoire présenté à l'Institut en 1876, qui n'a pas été publié.

(3) Dans la *Question des vignes américaines*, 1877, p. 24 et 25. — Dans le *Journal d'agriculture pratique*, nos des 2, 9, 16 et 30 août 1877.

(4) Dans le *Journal d'agriculture pratique*, numéro du 28 novembre.

(5) *Études sur quelques espèces de vignes sauvages de l'Amérique du Nord.*

tance absolue (non à l'immunité complète) des *V. æstivalis, cordifolia, cinerea, riparia* et *rupestris*. Enfin je viens de faire connaître, dans ces *Notes*, le résultat de mes dernières observations sur le même sujet et de classer parmi les espèces absolument résistantes (non indemnes) le *V. californica*, les *V. monticola* du Texas et *flexuosa* du Japon. On y a vu également que le *V. candicans* montre une très grande résistance bien qu'atteint notablement par l'insecte ; tandis que le *V. lincecumii* succombe chez nous au phylloxéra, comme je l'ai annoncé depuis longtemps pour le *V. labrusca*.

Depuis le jour où j'affirmais le premier la résistance absolue du *V. riparia* et où je proposais cette plante comme le meilleur porte-greffe (1), le nombre des espèces de vignes sauvages capables de servir à mettre nos cépages à l'abri du phylloxéra a donc été porté insensiblement, par mes recherches, jusqu'à neuf. Deux espèces ont été trouvées non résistantes en Amérique, une en Asie (*V. amurensis*). Je n'oublierai pas ici les noms de deux de mes collaborateurs à ce travail, MM. Ganzin et Davin, dont les observations sur les *V. rupestris* et *monticola* ont coïncidé avec les miennes ou même ont pu les précéder un peu.

C'est avec un sentiment bien naturel de satisfaction que je constate ici le chemin parcouru depuis que la question est sortie des mains des empiriques pour entrer dans le domaine scientifique. Le fait est considérable : on ne croit guère que ce que l'on comprend bien. Or rien n'est plus positif à la fois et plus naturel que les considérations qui servent de base à ma théorie. Est-ce une illusion d'amour-propre ? Mais la cause des vignes américaines me semble en avoir été considérablement affermie. En

(1) « Des études qui remontent à deux années déjà et dont je me propose de publier incessamment les résultats dans tous les détails nécessaires, me mettent à même d'affirmer que le *V. riparia doit être placé à côté du Solonis, sinon même avant ce dernier, à la tête des porte-greffes connus jusqu'à ce jour. Le V. riparia possède en effet, à un degré éminent, toutes les qualités nécessaires à un porte-greffe : résistance éprouvée, facilité de reprise par boutures, aptitude à se laisser greffer sur souches européennes et à recevoir la greffe de nos cépages indigènes, rusticité, grosseur du bois, vigueur de végétation.* » *Journal d'agriculture pratique*, numéro du 30 août, 1877.

effet, pour la résistance des vignes sauvages nommées plus haut, nul moyen d'invoquer l'adaptation au sol et au climat ou d'autres considérations du même genre, à l'aide desquelles certains esprits brouillons essaient de pallier les faits contraires à leur opinion. Ces vignes sont résistantes parce que les altérations produites par l'insecte sur leurs racines sont nulles ou négligeables. Si elles meurent dans un lieu donné, le phylloxéra n'y est pour rien, ce ne peut être que par suite du manque d'adaptation. La résistance d'un *Clinton* ou d'un *Jacquez* dont les radicelles et les racines sont criblées de renflements et couvertes d'insectes est très difficile à comprendre; celle d'un *Riparia* ou d'un *Cinerea*, chez lesquels, sur mille racines, on n'en trouve qu'une ou même pas du tout qui ait été lésée par le phylloxéra, saute aux yeux.

Aussi la fortune de ces porte-greffes sauvages va grandissant chaque jour. Le *Riparia* qui se payait 25 centimes le brin en 1877, a été tellement multiplié qu'il ne vaut plus guère actuellement, que 40 francs le millier de boutures. Le *Rupestris* sera au même prix dans deux ans. Quant aux *V. cordifolia, cinerea, monticola*, naguère absolument inconnus, ils figurent maintenant dans presque toutes les collections, et chez quelques propriétaires se chiffrent déjà par dizaines de mille.

Cependant le *Clinton* et le *Taylor* sont tombés en désuétude. Le *Cunningham* et l'*Herbemont* voudraient bien pouvoir servir à quelque chose; mais il sera difficile de les utiliser, ici pour une raison, là pour une autre. Le *Jacquez* bon comme cépage de culture directe, dans le Midi, ne vaut pas pour la résistance, comme porte-greffe, le plus mauvais *Riparia*. Restent le *York* et le *Solonis*. Mais cette dernière plante me donne raison, car c'est un hybride sauvage de *Riparia;* quant au *York-Madeira*, il n'est pas assez civilisé pour faire autre chose qu'un porte-greffe.

On peut donc dire que le règne des *cépages* (1) américains, employés comme porte-greffes, est passé. La question, comme je le disais plus haut, est réellement entrée dans une nouvelle phase,

(1) J'emploie toujours le mot *cépage* pour désigner des variétés cultivées.

celle des *espèces sauvages* porte-greffes ; et, depuis cette évolution, elle progresse d'une manière plus rapide et plus assurée.

Il sera bon peut-être de faire remarquer encore que l'élan qu'a pris depuis deux ans la question des porte-greffes sauvages est dû en grande partie à la facilité avec laquelle on peut multiplier ces derniers par le semis.

Dans mon rapport à l'Académie, daté du 14 novembre 1874, je m'exprimais en ces termes : « Les forêts d'Amérique, de la Floride au Canada, sont pleines de ces espèces de vignes sauvages. La valeur de ces dernières est à peu près nulle sur place ; en France, leur prix dépendrait uniquement des frais de main-d'œuvre et de transport. Mais il y a mieux encore. En effet, il me paraît certain qu'il sera possible d'utiliser pour fournir des porte-greffes résistants, non seulement les graines des espèces sauvages, mais encore celles de la plupart des variétés résistantes. Par cette méthode, le prix des porte-greffes deviendra presque nul, et le danger d'introduire le phylloxéra en pays non infecté disparaîtra complètement (1). »

La question des semis ainsi posée dès 1874, ne tarda pas à être élucidée. A partir du printemps de 1875, je n'ai pas cessé, chaque année, de faire des semis américains ; ce qui m'a permis de fournir le premier des données positives sur ce sujet. Grâce à l'obligeante intervention de M. le docteur Engelmann, je pouvais, dès le mois d'avril 1877, semer les graines des principales vignes sauvages des États-Unis. Bientôt, aidé par M. Eggert, je les introduisais pour la première fois en Europe en quantités considérables. Il s'en vend actuellement quelques cinq cents ou mille kilogrammes que se partagent avidement la France, l'Italie et l'Espagne. L'expérience a appris que ces semis peuvent être bons à greffer à la deuxième année, qu'ils le sont toujours à la troisième ; qu'ils donnent des plantes identiques à celles qui sont importées d'Amérique à l'état de boutures ; qu'ils constituent le moyen, sinon le plus pratique (car ils demandent beaucoup de

(1) *Études sur les vignes d'origine américaine*, etc., p. 45.

soins), du moins le plus économique de se procurer des porte-greffes en grandes quantités. J'ai vu, en effet, en septembre dernier, chez M. le docteur Davin, dans le Var, vingt à vingt-cinq mille *Riparias* de 40 à 60 centimètres de hauteur, provenant du semis d'un kilogramme de graines fait au printemps précédent. M. Johnston, en Médoc, a obtenu, en un an, des plants de la même espèce de 1 mètre à 1 mètre et demi de hauteur. M. Roche, de Marseille, m'a envoyé le bois aoûté d'un semis de *Riparia* d'un an, dépassant 2 mètres de hauteur.

Mes prévisions de 1874, au sujet des semis de graines des vignes sauvages sont donc réalisées; et cette méthode de multiplication des porte-greffes, malgré quelques attaques sans fondement, a pris droit de cité en viticulture. Il est vrai que le semis n'a qu'une importance secondaire pour les espèces d'un bouturage facile; mais, pour celles qui reprennent difficilement de boutures, il restera la méthode la plus simple, la plus économique et la plus sûre d'en former des pépinières.

Quant aux semis de graines de cépages cultivés, j'ai dit, il y a deux ans(1), pour quelles raisons ils ne peuvent pas servir à la production de porte-greffes en grandes quantités. Plusieurs personnes en ont fait néanmoins. Il se pourrait, en fin de compte, qu'ils nous fournissent quelque bon porte-greffe ou des variétés résistantes recommandables pour leurs fruits.

Voilà ce qui a été fait. — J'ai voulu le dire, non pas tant pour la part que j'y ai, que pour venger la méthode scientifique des attaques ineptes de certaines gens, qui se croient appelés à juger de ces questions, uniquement parce qu'ils sont possesseurs d'un vignoble ou d'une collection.

Et puis, s'il est vrai que beaucoup de viticulteurs acceptent sans discernement ou rejettent avec une égale défiance toutes les nouveautés qui leur sont offertes, il ne l'est pas moins que l'on trouve aussi parmi eux bon nombre d'esprits distingués, qui n'acceptent les faits et les théories qu'après un mûr examen ; qui

(1) *Études sur quelques espèces de vignes sauvages de l'Amérique du Nord*; p. 23.

ne s'inquiètent pas seulement du but à atteindre, mais qui savent réserver leur confiance aux moyens méthodiques et rigoureux proposés pour y parvenir.

C'est à eux seuls que s'adressent les considérations contenues dans ce dernier chapitre..

Tel est l'état actuel de la question. Doit-elle en rester là ? Les vignes d'Amérique, qui nous fournissent déjà des porte-greffes irréprochables, sont-elles encore capables de nous rendre d'autres services ? Lesquels ?

Il y a déjà longtemps que j'ai répondu, au moins en partie, à cette question. Dans le mémoire que je présentai, au mois de juillet 1876, à l'Académie des sciences, après avoir étudié la filiation des principaux cépages américains et donné des preuves irréfutables de l'hérédité de la propriété de résistance au phylloxéra, je concluais en ces termes : « On peut affirmer, en toute sécurité, la possibilité de faire à volonté, par le croisement, des porte-greffes d'une résistance au phylloxéra égale sinon supérieure à celle des cépages américains les mieux éprouvés jusqu'ici. (*Solonis, York-Madeira, Gaston-Bazille) ; on peut avoir la certitude de rendre nos cépages européens résistants, tout en leur conservant une partie des qualités qui nous les rendent si précieux.* » (1).

Les porte-greffes, nous les avons : les espèces sauvages nous les ont donnés. Restent les hybrides résistants de notre vigne européenne, que l'on pourrait cultiver directement pour leurs fruits.

Déjà, à diverses reprises, je suis revenu sur cette idée de l'hybridation de nos cépages, mais d'une façon indirecte. Je saisis avec empressement cette occasion de m'expliquer entièrement.

Prenons un exemple pour préciser.

Au lieu de donner au *Chasselas* des racines résistantes, par la greffe sur américains, on pourrait croiser ce cépage avec une espèce résistante, le *V. æstivalis*, je suppose, dans l'espoir de

(2) *Études sur les vignes d'origine américaine qui résistent au phylloxéra.* Deuxième mémoire. — Ce travail n'a pas été publié par l'Académie.

former un hybride dont les raisins seraient aussi peu différents que possible de ceux du *Chasselas,* tandis que les racines auraient toute la quantité possible de résistance propre au *V. æstivalis.*

Il ne s'agit de rien moins, on le voit, que de créer, par le croisement, des cépages entièrement nouveaux, dont les fruits auront les qualités de goût de nos variétés indigènes, tandis que les racines jouiront de la résistance propre aux vignes américaines. Ce serait là évidemment, la solution par excellence du problème phylloxérique.

Mais est-elle possible, ou bien ne faut-il voir en cela qu'une hypothèse séduisante dont l'expérience ne tarderait pas à démontrer la fausseté ?

Pour répondre à cette question, il est nécessaire de la préciser davantage.

Me demande-t-on s'il est possible d'obtenir par le croisement du *Chasselas* avec le *V. æstivalis* un cépage qui ait des fruits identiques à ceux du *Chasselas* et dont les racines soient absolument semblables à celles du *V. æstivalis ?* — Je n'hésite pas à répondre que rien n'autorise d'une façon positive à une semblable supposition.

Autre sera la réponse si l'on se borne à rechercher, dans le produit du croisement dont je viens de parler, un raisin présentant simplement la plupart des caractères européens ou même une certaine ressemblance avec celui du *Chasselas,* et des racines jouissant d'une grande partie de la résistance de l'*Æstivalis.* Dans ce cas, il me semble que ce que nous savons des lois qui régissent ces phénomènes nous permet de compter sur le résultat désiré. Les cépages nouveaux produits par le croisement dont je parle auront assez généralement, à la première génération, des fruits à peu près intermédiaires pour la forme et le goût, entre ceux du *V. æstivalis* et ceux de la vigne européenne ; mais il arrivera certainement que, sur un grand nombre d'hybrides formés, il s'en trouvera quelqu'un dont le raisin sera plus rapproché de celui de la vigne française, et notamment du *Chasselas,* que celui de la vigne américaine. A la seconde génération et aux suivantes, cette inégalité de ressemblance pourra encore s'accentuer. La même chose aura lieu pour la racine, qui pourra, suivant les individus, tenir beaucoup plus de la structure américaine que de la structure européenne. On arriverait donc, avec le temps, à produire par le croisement dont je parle non un cépage à raisins de *Chasselas* et à racines d'*Æstivalis*, mais des cépages variés à fruits presque européens et à racines presque d'*Æstivalis*. Il arriverait même certainement qu'un grand nombre des cépages ainsi produits seraient non des variétés de table, mais des cépages de cuve. La localisation des caractères dans les hybrides et l'augmentation de la variabilité par le croisement rendent tous ces résultats très probables, je crois même pouvoir dire certains.

Au reste, ici la théorie peut déjà, sans sortir du genre Vigne, s'appuyer sur quelques faits positifs d'une grande importance.

Un des cépages le plus anciennement cultivés en Amérique, le *York-Madeira*, offre avec le *V. labrusca* une ressemblance si étroite qu'il a toujours été rangé dans la classe à laquelle cette dernière espèce a donné son nom. Cependant quand on l'examine avec soin, on peut remarquer qu'il a les vrilles autrement disposées que dans le *V. labrusca* et que ses stomates sont en partie différents de ceux de cette même espèce. C'est en m'appuyant sur ces faits que j'ai pu dire le premier que le *York* n'est pas un *Labrusca* pur, mais un hybride de *Labrusca* et d'*Æstivalis*.

Or le *V. labrusca* a les racines très sensibles à l'insecte ; celles du *York*, au contraire, lui sont réfractaires à un très-haut degré, ainsi que cela arrive pour les mêmes organes chez le *V. æstivalis*.

D'un autre côté, le fruit du *York* est tellement semblable à celui des *Labruscas* en général, qu'il n'était venu a l'esprit d'aucun ampélographe de distraire de cette dernière classe le cépage dont je parle. D'après tous ces faits, on est donc autorisé à dire que cette plante, par ses racines, est *Æstivalis*, et par ses fruits, *Labrusca*. J'ajouterai que les feuilles sont aussi de *Labrusca* (une partie des stomates), tandis que le bois s'éloigne par plusieurs caractères de celui de ce dernier type.

Le *York* se trouve donc être un cépage résistant produit par le croisement d'une espèce non résistante (*Labrusca*) et d'une espèce résistante (*Æstivalis*). De la première, il a conservé les feuilles et, ce qui est plus important, le fruit ; de la seconde, il a pris le bois et les racines.

Je prie le lecteur de bien peser cet exemple. Qu'il remplace par la pensée le *V. labrusca* par le *Chasselas*, et les bons effets du croisement avec le *V. æstivalis*, dont je parlais plus haut, lui sembleront démontrés par induction : ce qui s'est passé pour le *V. labrusca* peut ou doit se passer pour le *Chasselas*. — Je dis à dessein « *peut ou doit* », car, en fin de compte, plusieurs particularités pourraient intervenir dans le croisement et en faire varier notablement le résultat. Deux êtres différents, en effet, ne peuvent pas se comporter exactement de la même façon dans un croisement. C'est pour cela que, dans ces phénomènes, l'induction ne peut jamais donner qu'un degré plus ou moins élevé, quelquefois très élevé de vraisemblance. La certitude complète est le fruit, bien difficile à cueillir souvent, de la seule expérience.

D'autres considérations encore peuvent nous encourager à entrer résolûment dans la voie de l'hybridation de nos variétés indigènes par les espèces américaines

C'est en effet de cette façon que les Américains ont créé un certain nombre de cépages assez recommandables. Parmi ces hybrides, les uns sont faits par croisement du premier jet, du premier coup, si l'on veut me permettre cette expression familière ; les autres sont le produit d'efforts continus que fait la plante, pendant plusieurs générations successives, pour revenir à ses types composants primitifs. — On peut citer comme types des premiers les hybrides d'Arnold. Parmi les seconds se placent vraisemblablement l'*Elvira*, le *Noah*, l'*Amber*, le *Pearl* et beaucoup d'autres

Les hybrides d'Arnold sont dus au croisement intentionnel du *Clinton* avec diverses bonnes variétés européennes ; ils ont été faits d'un seul coup, et rentrent dans la première classe. Ceux de la seconde classe doivent leur origine à des semis de graines provenant elles-mêmes de cépages hybrides : ainsi l'*Elvira* et le *Noah* proviennent du semis de graines de *Taylor*. Rien ne dit qu'il n'y ait pas eu, au moment de la formation des graines dont sont sortis les pieds types de ces deux derniers cépages, un nouveau croisement du *Taylor* avec d'autres types. Mais ce croisement n'est pas nécessaire : le *Taylor* étant un hybride, ses semis doivent donner naissance à d'innombrables variétés.

Examinons maintenant chacune de ces deux méthodes de formation d'hybrides, afin de nous fixer sur les résultats que nous sommes en droit d'attendre de chacune d'elles.

La méthode du semis de graines provenant de plantes hybrides donne des résultats plus variés et plus parfaits. Les cépages dont j'ai parlé plus haut en seraient la preuve certaine, si l'on ne pouvait supposer qu'ils sont le produit d'un second croisement. Au reste, si, sur ce point, pour la vigne, les preuves directes font défaut, l'analogie vient à l'appui de la thèse énoncée plus haut. — Malheureusement cette méthode est deux ou trois fois plus longue que l'autre et les résultats en sont plus imprévus.

La formation directe d'hybrides par croisement de deux plantes convenables est beaucoup plus expéditive. A la troisième année, au plus tard, avec des soins appropriés, on récoltera du fruit et on pourra ainsi juger de la qualité des produits obtenus. Un observateur exercé pourrait également, dans cet espace de temps, apprécier assez exactement le degré de résistance des hybrides.

C'est donc cette méthode qu'il faudra suivre d'abord, ainsi que l'ont fait déjà du reste les Américains. — Mais tout en suivant la même voie que nos devanciers, il importe de ne point tomber dans les mêmes fautes.

Arnold, en effet, a choisi le *Clinton* pour donner aux vignes françaises la résistance au phylloxéra. On sait que ce cépage, qui semble résister partout aux Etats-Unis, est loin de se comporter aussi bien sous notre climat. Aussi les hybrides d'Arnold, à peine assez résistants dans leur patrie, ne le sont-ils plus guère chez nous. Il semble que tous déclinent de la troisième à la sixième année, au moins dans le Midi.

Il faudra donc pour donner la résistance à nos variétés, non pas employer un cépage de résistance imparfaite comme le *Clinton*, mais choisir avec soin les vignes les plus résistantes que nous connaissons. Nul doute que ce soit encore aux *Vignes sauvages* qu'il faille s'adresser pour cela.

Ce que je disais plus haut de la résistance des hybrides d'Arnold nous donne la presque certitude d'arriver par cette méthode, du premier coup, à des hybrides suffisamment résistants pour notre climat européen. Il ne peuvent manquer, en effet, d'être beaucoup plus résistants que ceux d'Arnold, puisque les *V. riparia* ou *æstivalis*, par exemple, dont ils seront le produit, sont infiniment plus résistants que le *Clinton* dont Arnold s'est servi.

Si les fruits des hybrides ainsi obtenus ne sont pas suffisamment européens, on aura à sa disposition pour leur faire acquérir les qualités désirées deux moyens :

1° Le croisement à nouveau avec le parent européen ou un autre cépage quelconque de notre pays. Cetre pratique amoindrirait sans doute leur résistance, tout en améliorant d'autant leur qualité.

2° Le semis de leurs graines, pures de tout croisement nouveau, pendant plusieurs générations successives. Les hybrides ainsi obtenus rentreraient dans la classe des variations par retour aux types originels, c'est-à-dire dans la seconde méthode de production d'hybrides indiquée plus haut.

Toutes ces opérations d'hybridation, de semis, d'éducation de la vigne, peuvent sembler bien longues au lecteur et devoir renvoyer à un temps éloigné la solution de la question par la voie que j'indique. « La vigne, me dira-t-on, aura disparu de France avant que vous ayez produit un seul des cépages dont vous parlez. »

C'est une erreur. On peut, avec des soins appropriés, obtenir des fruits d'une plante de semis dès sa troisième feuille. Il est donc possible d'avoir, en trois ans, un hybride du premier jet éprouvé au point de vue de la qualité de son fruit et de sa résistance au phylloxéra. Si, pour l'améliorer, on a recours ensuite à la méthode des semis successifs; cela fera trois ans de plus pour chaque génération.

Au reste, il ne s'agit pas de commencer l'année prochaine : la chose est faite. J'ai vu chez M. Ganzin, en septembre 1880, des hybrides fort curieux d'*Aramon* et de *Rupestris*, à leur première feuille. Ces plantes donneront donc du fruit l'année prochaine. Un de mes amis possède également une trentaine d'hybrides analogues qui viennent de germer.

« *Petit poisson deviendra grand !* »

Tels sont les nouveaux services que pourront nous rendre les vignes américaines. Tant qu'il s'agissait seulement de défendre nos vignobles contre le phylloxéra, on pouvait négliger l'hybridation de nos cépages comme trop longue, difficile, aléatoire, etc. Et puis, les insecticides peuvent nous aider à soutenir la lutte contre l'insecte. Mais, à cette heure, il n'en est plus ainsi : la situation est plus complexe et plus grave. La formation de nouveaux hybrides doit fatalement être tentée.

En effet, le phylloxéra n'est plus le pire ennemi de nos vignobles. Un nouveau fléau, le mildiou (*mildew* des américains), constaté en France depuis moins de trois ans seulement, a pu, dans ce court espace de temps, s'étendre sur toute l'Europe et même en Algérie. Sous sa désastreuse influence on a vu, en 1880, les feuilles de la Vigne se dessécher et tomber trois à quatre semaines avant la récolte; la nutrition du raisin et sa maturité ont été compromises; partout le degré alcoolique du vin a été abaissé dans des proportions considérables, non-seulement dans l'Ouest, mais jusque dans le Roussillon, cette contrée au climat sec par excellence.

Les Américains connaissent le mildiou de temps immémorial. Tandis qu'aux États-Unis il est seulement plus ou moins dangereux pour les Vignes indigènes, il est mortel à la Vigne européenne. C'est lui, en fin de compte, beaucoup plus que le phylloxéra, qui a empêché l'acclimatation de cette dernière, ailleurs qu'en Californie. Bien que les cépages américains soient, en général, infiniment mieux armés contre cet ennemi que nos variétés européennes, quelques-uns cependant y sont tellement sensibles que leur culture a dû être abandonnée dans les États où le climat est le plus humide. Le *Jacquez* est dans ce cas. Ce cépage, découvert au centre même des États-Unis, après de nombreux essais de culture, a été abandonné presque partout; il se trouve actuellement relégué au Texas où il prospère grâce à la sécheresse du climat.

Contre le mildiou *tout a été tenté* aux États-Unis : *rien n'a réussi.*

Les Américains, qui connaissaient peu le phylloxéra avant nos désastres, connaissaient au contraire parfaitement le mildiou. Ils avaient étudié avec soin son influence sur les divers cépages et savaient qu'en général les *Labruscas* et les *Æstivalis* sont plus ou moins sujets à cette maladie; les *Riparias* beaucoup moins ou presque pas. Aussi, depuis bon nombre d'années, tous leurs efforts n'ont cessé de tendre vers la production de variétés améliorées *résistantes au mildiou* et subsidiairement au phylloxéra.

Pour nous, le problème est analogue. Nous avons à rechercher des cépages qui conservent autant que possible les qualités de nos meilleures variétés et qui soient à la fois résistants au phylloxéra et au mildiou.

Or, les hybrides que je propose plus haut résoudront très vaissemblablement ce double problème. C'est qu'en effet, chez la plupart des vignes américaines (*V. riparia, rupestris, cordifolia, cinerea, monticola, candicans*), la résistance au mildiou est associée à la résistance au phylloxéra. Hybrider notre Vigne par ces espèces, c'est donc lui donner à la fois la résistance au cryptogame qui constitue la maladie du mildiou *(Peronospora viticola)* et à l'insecte. Grâce à cette heureuse combinaison des deux propriétés, la solution des deux problèmes peut être poursuivie simultanément et même obtenue, je n'en doute pas.

Ici encore la pratique vient en aide à nos inductions théoriques

Le *Rulander*, cépage américain, est un hybride de *Vinifera* et d'*Æstivalis*. Son raisin possède la plupart des qualités de ceux de nos variétés européennes : ses racines, une résistance très notable à l'insecte (pas absolument certaine cependant); quant à son feuillage, d'après M. Lespiault, qui a suivi cette plante avec soin durant l'automne dernier, dans le Lot-et-Garonne, il est peu sensible au mildiou.

Le *Rulander*, si son raisin était un peu plus gros et coloré, et ses racines un peu plus résistantes, serait donc un cépage parfait au point de vue des exigences actuelles. Or, ainsi que je l'ai dit plus haut, c'est un hybride de *Vinifera* et d'*Æstivalis*.

D'après ce qui précède, il paraîtra sans doute au moins probable que l'hybridation de nos cépages par certaines vignes américaines nous rendra maîtres à la fois du mildiou et du phylloxéra. Mais ce n'est pas tout.

Dans un précédent chapitre, j'ai insisté sur ce fait que les vignes américaines sont adaptées à un climat plus humide et plus chaud, en été, que les nôtres. Par suite, elles se trouvent infiniment mieux armées que nos variétés européennes contre un grand nombre de maladies causées par divers champignons, produits à la fois de l'humidité et de la chaleur. Aussi ne faut-il pas s'étonner si la plupart de ces espèces sont réfractaires à l'oïdium et à l'anthracose. Au reste, comme on le sait, la première de ces maladies est d'origine américaine.

Personne n'ignore combien ces deux dernières affections parasitaires sont dangereuses. L'oïdium ne peut être combattu qu'à force de soin, de temps et de dépenses; et encore arrive-t-il, dans certaines années, qu'on ne peut en devenir maître. Quant à l'anthracose, on ignore encore son spécifique; et je ne crois pas exagérer en évaluant au centième de la récolte totale le dommage que cette maladie cause, bon an mal an, dans l'Ouest et le Midi.

Eh bien! les hybrides dont je parle seront réfractaires non seulement au phylloxéra et au mildiou, mais encore à ces deux maladies. Les propriétés des espèces sauvages qui doivent servir aux croisements méthodiques dont je parle en seraient un garant assuré, lors même que l'on ne pourrait s'en convaincre déjà par les propriétés bien connues d'un grand nombre de cépages américains.

Pensez-vous, lecteur, que tous ces avantages vaillent la peine de trois, de six, de neuf ans, si vous voulez, d'études et d'efforts? Vingt cépages dont les racines seraient résistantes au phylloxéra, tandis que leurs pampres pourraient braver le mildiou, l'oïdium, l'anthracose, les diverses formes de coups de soleil, de brouillardage et de brouissure, affections plus ou moins inconnues sous les noms peu clairs desquelles se cachent sans doute plusieurs maladies parasitaires, vingt de ces cépages, dis-je, suffiraient à ramener l'âge d'or de la viticulture.

Il en serait temps! — La culture de la vigne avec le sulfure de carbone, le sulfocarbonate et les engrais insectifuges, les soufrages et les chaulages réitérés, le lavage des souches à l'acide sulfurique, à l'eau de chaux ou au sulfate de fer, les badigeonnages, les frictions, les ébouillantages et le flambage, et par-dessus tout le greffage, est devenue une opération infiniment trop compliquée pour le cerveau du paysan et la bourse du propriétaire. Si cela devait empirer ou simplement continuer, nul doute qu'il vaille mieux abandonner à leur misérable sort ces variétés incapables de soutenir la lutte pour l'existence.

Mais nous n'en sommes pas là. Par l'hybridation, nous infuserons à ces variétés qui, pendant tant d'années, ont fait notre richesse, une dose suffisante de sang américain pour les rendre réfractaires aux divers fléaux que leur constitution délicate ne leur permet pas d'affronter, dût une partie de leurs qualités disparaître dans le croisement. Au reste, j'ai l'intime conviction que les résultats de ce dernier seront meilleurs que le public ne peut en général le supposer, et que nous pourrons conserver à nos vins leurs principaux caractères.

N'avais-je pas raison de dire plus haut que nous sommes en droit d'attendre des vignes américaines un service nouveau et signalé? Avec la résistance au phylloxéra, elles donneront à nos cépages l'immunité aux parasites végétaux. C'est là, comme je l'ai dit en tête de ce chapitre, l'avenir de ces vignes, que dis-je? celui de la viticulture.

On me dira que je suis pessimiste. On voudra peut-être en savoir la raison. — La voici en deux mots.

Le mildiou nous vient d'Amérique. — Personne ne saurait le contester.

L'époque de son importation en Europe n'est pas connue. Tout ce qu'on sait, c'est qu'avant le 1er septembre 1878 le *Peronospora* de la vigne n'avait jamais été signalé d'une façon positive sous nos climats. Quelques personnes, il est vrai, ont voulu lui rapporter les cas plus ou moins graves et fréquents de coup de soleil, d'échaudage, de brouillardage, etc., signalés de tout temps par les viticulteurs; mais c'est là une supposition qui ne repose sur aucune donnée certaine. Il ne suffit pas que les feuilles se dessèchent et tombent en août et septembre, pour que l'on soit en droit de rapporter ces accidents au mildiou.

C'est, ainsi que je l'ai dit déjà, dans les premiers jours de septembre 1878, que M. Planchon et moi constations, à peu près simultanément, la présence du mildiou dans l'ouest de la France, c'est-à-dire en Europe. En 1879, il fut de nouveau remarqué à peu près à la même époque. En 1880, il se montrait en Italie au mois de juin, à Bordeaux dans les premiers jours du mois d'août (peut-être aussi en juin à Libourne).

J'ai dit déjà les désastres que ce fléau a causés, en cette même année 1880, dans toute la France viticole, mais surtout sous le climat humide de l'Aquitaine.

Or, cette présente année (1881), j'ai pu constater la présence du redoutable champignon, dans le Bordelais, dès le 6 juin. Quarante-huit heures après, M. Lespiault, à qui j'en avais écrit, le retrouvait à Nérac. Depuis, il m'a été signalé par nombre de personnes dans la Gironde et le Lot-et-Garonne. Nous sommes loin, comme on le voit, de la date d'invasion des années précédentes. — Il est vrai, ainsi que je l'ai dit plus haut, qu'en 1880 la maladie s'était montrée en juin dans le Trévisan et peut-être aussi dans le Libournais.

Le mildiou apparaît donc chez nous à la même époque qu'aux États-Unis. Si nos étés étaient aussi pluvieux que dans cette dernière contrée, il ne nous resterait sûrement qu'à arracher nos vignes; heureusement nous sommes protégés contre le fléau par notre climat estival relativement beaucoup plus sec (1) et par une chaleur moins excessive. On aura une idée des différences auxquelles je fais allusion, lorsqu'on saura qu'à Bordeaux, par exemple, le *maximum* de pluie qui tombe d'avril à octobre (529 millimètres en 1866, qui est une des années les plus pluvieuses) est à peu près égal à quantité de pluie *minimum* qui tombe à Saint-Louis (Missouri) pendant les mêmes mois (480 millimètres en 1860. — Le maximum observé par M. G. Engelmann a été 994 millimètres en 1858). — Or, il est tombé en 1880, à Bordeaux, pendant la même période, 499 millimètres d'eau, ce qui est une forte quantité, eu égard à la moyenne qui ne dépasse pas 385 millimètres. Il arrivera donc assez rarement (toutes choses égales d'ailleurs) que le mildiou fasse, dans le Bordelais, autant de mal qu'il en a fait l'année passée; mais il arrivera aussi, peut-être plus rarement encore, que ces ravages seront plus considérables qu'ils n'ont été en 1880. La gravité de la maladie dépend du concours de plusieurs circonstances sur lesquelles il est inutile de s'étendre davantage.

Nous devons donc nous attendre, toutes les fois que l'été ne sera pas d'une grande sécheresse, *comme cette année*, à voir le mildiou menacer sérieusement nos récoltes. Il nous arrivera vraisemblablement deux ou trois fois, dans une période décennale de vendanger, comme en 1880, quinze jours après que la feuille sera tombée et de faire du vin détestable. Il faut aussi s'attendre de temps à autre, peut-être plus rarement, à n'avoir à récolter que des raisins pourris, au quart mûrs, auquel il sera nécessaire d'ajouter du sucre, comme le font du reste quelquefois les Américains, même avec leurs cépages, pour obtenir une fermentation suffisante.

Le mildiou, au 1er juin, en France, c'est-à-dire complètement

(1) Voir les chiffres comparatifs sur la quantité d'eau qui tombe d'avril à octobre, aux États-Unis et en Europe, dans le précédent chapitre sur l'*Adaptation des vignes américaines.*

acclimaté chez nous, venant s'ajouter au phylloxéra, à l'oïdium, à la gelée et aux autres fléaux que nous connaissions déjà ; c'est cette menace permanente qui me trouble et me fait prévoir pour notre viticulture un avenir des plus sombres. Plus je considère la question, plus le pronostic de cette nouvelle maladie me semble grave. Si l'on veut se faire une idée des désastres qu'elle nous prépare, il sera nécessaire de se reporter par la pensée aux plus mauvais jours de l'oïdium et encore sera-t-on au-dessous de la vérité, car le *Peronospora* exerce sur la vigne une action dix fois plus rapide et fatale que le parasite dont je viens de parler.

Le lecteur retrouvera quelques-unes des idées que je viens d'exposer dans un ouvrage à la fois original et attrayant de M. Maurice Lespiault, publié au commencement de cette année (1). Plus d'une fois, en septembre dernier, j'ai discuté ces questions avec mon honorable ami, observateur aussi sagace que viticulteur éclairé. Ses craintes au sujet du mildiou étaient, à cette époque, beaucoup plus vives que les miennes. Depuis ce temps, la découverte, que j'ai faite, des oospores du parasite et la constatation de ce dernier en divers points de nos vignobles, au commencement de juin, c'est-à-dire à l'époque même où il apparaît en Amérique, sont venus aggraver considérablement, à mes yeux, le pronostic de ce nouveau fléau.

Je dois dire encore que dans son petit livre, M. Lespiault a parfaitement indiqué les mesures à prendre contre le mildiou. Voici en effet, textuellement, le passage qu'on peut lire à la page 75 :

« *Conclusions pratiques en prévision du mildiou.*

. . . .

« 4° Plantations nouvelles en cépages très précoces, choisis parmi les moins sujets au mildiou. Parmi les américains, les plus recommandables, comme résistant à toutes les maladies, sont : *Cynthiana, Rulander, Herbemont, Elvira, Transparent, Amber, Pearl, Uhland, Missouri-Riesling, Noah, etc.* »

---

(1) Maurice Lespiault : Les vignes américaines dans le Sud-Ouest de la France, 1881. — Bordeaux, Feret.

Le point de vue auquel M. Lespiault se place dans ce paragraphe est, en principe, le même que le mien. Nous ne différons, lui et moi, que dans l'application. M. Lespiault, fautes d'armes francaises, veut employer contre le mildiou des armes de fabrique américaine, c'est-à-dire une dizaine environ de variétés éprouvées déjà aux États-Unis pour leur résistance au mildiou et au phylloxéra. Malheureusement ces cépages, bons assurément contre le cryptogame, ne méritent pas toute créance au point de la résistance à l'insecte, et peut-être même à celui de la fertilité et de la qualité des produits. Aussi me semble-t-il prudent de faire des réserves à ces deux derniers point de vue, car plus de la moitié de ces variétés ne sont cultivées, chez nous, que depuis un ou deux ans et même moins et n'y ont jamais ni fleuri ni fructifié. C'est pour ces raisons qu'il me semble indispensable de créer nous-mêmes les hybrides qu'il faut à nos goûts, à notre sol, à notre climat. Il me semble certain qu'en profitant de l'expérience des Américains, avec un peu plus de méthode et de suite, nous arriverons à faire mieux qu'ils n'ont fait. Si, comme je le crois à cette heure, ce sont les hybrides qui doivent régénérer les vignobles européens, il me paraît préférable, à tous les points de vue, qu'ils naissent sur cette terre classique de la viticulture. — *6 juillet 1881*.

2 *Août*. — Je viens de prendre connaissance, dans le numéro du 30 juillet de la *Revue scientifique*, d'un article de M. Victor Ganzin sur l'hybridation de la vigne européenne par les espèces américaines. Je n'ose pas faire l'éloge de ce travail, par la raison qu'il n'y a entre les opinions de l'auteur et les miennes aucune différence essentielle. Qu'il me soit permis pourtant de dire combien je suis heureux de me trouver en conformité de vues aussi complète avec un homme dont la sagacité et la droiture de jugement sont généralement appréciées dans le Midi.

MONTICOLA OU BERLANDIERI(*)

Il y avait dans la note de M. Planchon, insérée aux Comptes rendus de l'Académie des sciences (séance du 30 août 1880), deux choses :

1° Le *Vitis monticola* de Buckley n'est pas la plante que les botanistes américains (Engelmann notamment) désignent sous ce nom, mais une vigne à fruits blancs, cultivée au Jardin botanique de Bordeaux;

2° La plante connue des Américains sous le nom de *V. monticola* Buckley est une espèce nouvelle à laquelle M. Planchon donne le nom de *V. berlandieri.*

Dans l'article publié dans le n° 5 du *Journal d'agriculture pratique* (1881), je disais de mon côté :

1° La vigne du Jardin botanique de Bordeaux, que M. Planchon prend pour le *V. monticola* de Buckley, est un *Labrusca* cultivé, l'*Arrot* des pépiniéristes américains;

2° Les *V. monticola* Buckley et *berlandieri* Planchon sont la même plante.

Mon savant collègue, dans une note récente, reconnaît son erreur sur le premier point, mais il conteste l'exactitude de mon interprétation sur le second, c'est-à-dire qu'il n'admet pas l'identité des *V. monticola* et *berlandieri.* D'après lui, ces deux plantes ne sauraient constituer la même espèce, car Buckley lui-même et après lui Durand ont donné pour caractère au *V. monticola* d'avoir des grains blancs de grosseur moyenne, tandis que le *V. berlandieri* a le grain noir, petit.

C'est là un argument plus spécieux que solide qui n'a pu induire en erreur qu'un petit nombre de lecteurs. Il serait nécessaire, pour qu'il eût quelque valeur, que la couleur des fruits,

(*) Publié dans le *Journal d'agriculture pratique*, n° du 31 mars 1881, en réponse à une note de M. Planchon sur le même sujet.

dans le genre *Vitis*, fût moins variable qu'elle ne l'est en effet, à l'*état sauvage*.

D'après M. Planchon (1), le *V. lincecumii* a les baies noir-pourpre, quelquefois ambrées. On parle de *V. candicans* à fruits blancs (2), verdâtres, rouges et noirs (3); et Buckley a noté que sous sa peau obscure cette même espèce possède une pulpe qui varie du blanc au rouge de sang (4). Dans son catalogue (p. 12), Bush assigne au *V. labrusca* sauvage des baies de « différentes couleurs, verdâtres, rouges et noires ». Le *V. arizonica* possède à l'état sauvage des fruits de couleur noire ou blanche (5). Enfin, j'ajouterai que les auteurs attribuent aux fruits du *V. rotundifolia* sauvage une couleur pourpre (*Acinis purpureis*, Clayton) ; et que le *Scuppernong* (variété de cette espèce) *sauvage* trouvé au bord de la rivière de ce nom par les premiers explorateurs, il y a peut-être deux siècles (Le Hardy de Beaulieu), aussi bien que celui de l'île Roanoke, qui fut planté à la même époque, ont les fruits blancs. Au reste, M. Planchon lui-même, dans son ouvrage précédemment cité, qui contient de si utiles renseignements, nous apprend (p. 39), qu'il a observé le *type sauvage du Scuppernong* (c'est-à-dire une variété de *Rotundifolia* à fruit blanc) dans les bois des environs de Ridgeway.

Voilà donc cinq espèces de vignes des États-Unis qui, à l'état sauvage, offrent des fruits tantôt blancs ou noirs, rouges ou jaunes. Après cela, il paraîtra sans doute téméraire d'affirmer que deux vignes dont le feuillage est identique, ainsi que les collections et l'autorité des botanistes américains le prouvent pour celles dont il est question en ce moment, constituent deux espèces distinctes *uniquement parce que les fruits en sont de couleur différente*. — Quant à la différence de grosseur des baies, dans les limites dont il s'agit ici (10 à 16 millimètres de diamètre), elle n'a guère plus de valeur.

---

(1) Les *Vignes américaines*, p. 103.

(2) *Ibid*, p. 108.

(3) *Bush*, catalogue, p. 12.

(4) Planchon, ouvrage cité p. 107.

(5) Wetmore dans *State viticultural commission of California*. — First annual, report, 1881.

Mais M. Planchon, non content d'affirmer que les *V. monticola* et *Berlandieri* sont deux espèces distinctes, va plus loin encore. D'après lui, au cas où Buckley se serait trompé, en assignant des fruits blancs au *V. monticola,* ce qui n'est pas impossible, il pense que l'espèce *monticola* ayant ainsi perdu un de ses attributs essentiels deviendrait nulle : le nom assigné par Buckley devrait disparaître et faire place à celui de *V. berlandieri,* qui a été donné par le botaniste qui a fourni une description exacte des fruits, M. Planchon.

Il est possible que des cas analogues à celui dont il est question ici doivent être tranchés dans le sens qu'indique mon savant collègue de Montpellier; mais, dans l'espèce, il me paraît devoir en être tout autrement. — Les feuilles de la plante nommée par Buckley, et cette plante entière (sauf les raisins) ont été décrites correctement et distribuées par lui, elles ont été recueillies par d'autres; et, à l'heure qu'il est, les botanistes sont à même de déterminer le *V. monticola,* sans son fruit, aussi sûrement que la plupart des plantes exotiques. Et, parce qu'on s'apercevrait que le fruit de cette espèce que Buckley croyait blanc, pour ne l'avoir vu qu'en mauvais état ou pour en avoir entendu parler seulement, est noir, le nom qu'il a imposé à la plante, qui est l'expression de son droit de priorité devrait être voué à l'oubli!... Cela me paraît impossible. Qu'y a-t-il donc à faire? — Simplement corriger la description et écrire *V. monticola* Buckley (*descriptione emendata* Planchon).

Cette solution, il me le semble du moins, serait tout aussi conforme aux traditions de la nomenclature botanique et plus équitable que celle que propose M. Planchon. A l'un des deux auteurs reviendrait l'honneur de la découverte et à l'autre celui d'avoir rétabli la correction de la description.

Je prie le lecteur de me pardonner cette discussion un peu technique pour un journal d'agriculture. Qu'il ne voie en ceci que le désir bien légitime de ne pas déchoir dans son estime.

LA RÉSISTANCE AU PHYLLOXÉRA DU CLINTON ET DU TAYLOR(*)

J'ai eu déjà plusieurs fois l'occasion de donner mon appréciation sur la résistance au phylloxéra des deux cépages américains dont on vient de lire les noms.

Dès l'origine de mes études sur les vignes américaines, je classai ces cépages parmi ceux qui résistent à l'insecte. En 1877, cherchant à établir une échelle de résistance, je mettais en dernière ligne le *Clinton* et le *Taylor*, et je donnais en même temps l'explication de la diminution de la résistance dans ces deux variétés (1). Le premier, je montrai que ces plantes ne sont pas des *Riparias* purs, mais que la résistance normale à ce type a été amoindrie en eux par le croisement avec une autre espèce non résistante, le *V. labrusca*. Cette manière de voir rencontra d'abord une assez forte opposition chez la plupart des amateurs de vignes américaines ; à l'heure qu'il est, il y a, je crois, très peu de ces derniers qui se refusent à l'accepter, surtout parmi ceux qui n'ont pas de parti pris dans la question et qui ont quelques notions de sciences naturelles.

Néanmoins je dois dire qu'à cette époque, tout en reconnaissant la sensibilité au phylloxéra de ces deux variétés, je n'admettais guère qu'elles pussent succomber à l'insecte autrement que d'une manière exceptionnelle (2) ; en un mot, je les croyais plus résistantes qu'elles ne le sont réellement. Cependant j'ai

(*) Extrait du *Journal d'agriculture pratique*, janvier 1880.

(1) *Journal d'agriculture pratique*, 1877, t. II, p. 140 et 141. *Ibid*, p. 212 et 213.

(2) Même recueil, 1877, t. II, p. 140 et 212. — *La question des vignes américaines au point de vue théorique et pratique* (Paris, Masson), p. 21 et 41. — *Histoire des principales variétés et espèces de vignes qui résistent au phylloxéra*, 1re livraison, p. 11.

toujours mis le public en garde contre l'engouement dont elles ont été l'objet.

Depuis 1877, j'ai complété mes études à ce sujet, et des faits nombreux sont venus corroborer mes premiers doutes. Peu à peu ceux-ci ont fait place à la certitude. Il n'en pouvait pas être autrement : après avoir joui pendant quatre années de la faveur du public et avoir été répandus à profusion dans le Languedoc et la Provence, les deux cépages dont je viens de parler sont à peu près délaissés par les gens avisés. Aussi, dans un travail récent, j'ai pu dire positivement :

« Dans les mauvais terrains du Var et en présence du phylloxéra, le *Clinton* et le *Taylor* n'offrent qu'une végétation chétive et rabougrie pendant les premières années, pour disparaître ensuite plus ou moins rapidement, suivant les circonstances (1). » Enfin, dans une brochure publiée au mois de juillet dernier, où se trouvent réunis divers articles insérés antérieurement au *Journal d'agriculture pratique*, je deviens encore plus explicite : « Quant au *Clinton* et au *Taylor*, leur parenté avec le *V. labrusca* aurait dû, ainsi que je l'ai conseillé, il y a deux ans déjà, inspirer une plus grande prudence dans leur emploi. On en a planté un peu partout; et l'expérience a montré que si ces cépages résistent parfaitement dans les terres riches, profondes, légères et d'une certaine fraîcheur, ils succombent à l'insecte lorsque le climat est trop sec et le sol compacte ou aride. On a voulu voir dans ces insuccès l'effet du sol et du climat seulement, mais des faits précis établissent d'une manière irrécusable que le phylloxéra joue le rôle le plus important dans ces phénomènes... — *J'affirme que dans les mauvais terrains de l'Hérault et du Var, et en présence du phylloxéra, le Clinton et le Taylor n'offrent souvent qu'une végétation chétive et rabougrie, pendant les premières années, pour disparaître ensuite plus ou moins rapidement, suivant les circonstances.* » Et en note : « *J'ai reçu récemment de M. le Dr Davin*, de Pignans (Var) *des Taylors de deux ans, tellement maltraités par le phylloxéra, que leur mort était certainement imminente* (2). »

---

(1) *Journal d'agriculture pratique*, 1879, t. I, p. 229.

(2) *Études sur quelques espèces de vignes sauvages de l'Amérique du Nord*, p. 19 et 20.

Si j'ajoute à cet exposé que M. Planchon, après avoir recommandé et défendu le *Concord* qui a fait une fin si malheureuse, use son crédit à défendre le *Clinton* et le *Taylor*, malgré un ensemble écrasant de faits contraires à son opinion, j'aurai mis le lecteur au courant de la question.

Les choses en étaient là, et j'espérais que les faits nouveaux produits aux Congrès viticoles de cette année avaient enfin forcé la résistance de cet esprit distingué, lorsqu'en septembre dernier parut, dans LA VIGNE AMÉRICAINE, un nouvel article du chef de l'école américaine de Montpellier, sur ce même sujet. Je le parcourus avec empressement... Rien n'était changé dans les opinions de M. Planchon! — Je voulus prendre la plume; mais diverses circonstances m'obligèrent d'ajourner les observations que j'avais à faire sur ce nouvel article.

Si je porte le débat devant les lecteurs de ce journal, c'est par la raison qu'ayant affirmé à différentes reprises mes opinions dans les colonnes de ce recueil, et non dans la feuille que dirige M. Planchon, c'est ici d'abord que je dois les défendre.

« Le *Taylor*, dit M. Planchon, dans l'article dont je viens de parler, a eu deux sortes de détracteurs. D'un côté, M. Millardet, en lui attribuant par des raisons théoriques une parenté avec les *Labrusca*, a supposé que, par cela même, il pouvait, sous un climat sec et dans un sol compacte ou aride, succomber sous l'action du phylloxera. D'autre part, M. Pellicot d'abord, et plus récemment M. le docteur Davin, jugeant ce cépage d'après quelques faits isolés et non suffisamment expliqués, l'ont englobé dans l'espèce de réprobation générale dont ils ont frappé le *Clinton* (1). »

Il semblerait, d'après cela, qu'en attribuant au *Clinton* et au *Taylor* une origine hybride, je ne me serais appuyé que sur des raisons théoriques, c'est-à-dire, si j'entends bien la pensée de M. Planchon, sur des raisons qui n'auraient guère de fondement que dans mon imagination. Il est impossible, et parfaitement inutile du reste, d'entrer ici dans une discussion approfondie des affinités que le *Clinton* et le *Taylor* présentent pour le *V. labrusca* : on trouvera des détails à ce sujet dans ma monographie

(1) *La Vigne américaine*, 1879, p. 404.

du *Clinton* (1), et dans la *Question des vignes américaines* (2) ; je me bornerai donc à citer, pour la vingtième fois, quelques faits précis, d'une constatation élémentaire, qui, à mes yeux, établissent la parenté des cépages dont il s'agit avec le V. *labrusca*. M. Planchon aura la liberté de les récuser ou d'en donner une autre interprétation. Le public jugera.

Pour ce qui regarde le *Clinton*, j'ai fait remarquer que sa graine diffère considérablement, à la fois pour le volume et pour la forme, de la graine du *V. riparia*, et qu'elle offre des analogies manifestes avec la graine du *V. labrusca* (3).

J'ai montré aussi que l'on trouve assez fréquemment, à la base des fortes pousses de *Clinton*, six à neuf vrilles ou grappes (ce qui est la même chose) de suite, sans intermittence, tandis que chez le *V. riparia* ces organes sont toujours régulièrement intermittents, c'est-à-dire qu'il n'y en a jamais que deux de suite, après lesquels se trouve un nœud qui en est dépourvu. Or, on ne connaît, jusqu'à ce jour, dans l'Amérique du Nord tout entière, que le seul *V. labrusca* qui offre quelque chose d'analogue : chez cette espèce, les vrilles ou grappes sont toujours continues ; il y en a une à chaque nœud.

Enfin, j'ai appelé l'attention sur ce fait que l'on rencontre quelquefois au printemps, sur les plus fortes pousses de *Clintons* très vigoureux, des poils glanduleux, autour des nœuds, absolument comme cela a lieu chez le *V. labrusca*.

Quant à ce qui regarde le *Taylor*, c'est exactement la même chose pour les poils glanduleux, le nombre de vrilles ou grappes consécutives, et la graine, avec cette différence que pour cette dernière plante la graine présente encore plus d'analogie avec celle du *V. labrusca* (4). Il faut encore ajouter que chez le *Taylor* le goût foxé spécial au *V. labrusca* est tout à fait distinct, tandis que dans le *Clinton* il est masqué par une âcreté particulière.

---

(1) *Histoire des principales variétés et espèces de vignes*, etc., 1re livraison. — Dans le *Journal d'agriculture pratique* ; 1877, T. II, p. 212.

(2) P. 59 et 60, article *Taylor*.

(3) Voir à ce sujet les figures publiées dans mes *Études sur quelques espèces de vignes sauvages*, etc.

(4) Voir les figures déjà citées précédemment.

Que l'on compare l'un quelconque de nos cépages cultivés à la vigne sauvage des forêts d'Europe, la lambrusque, qui les a tous produits, et l'on ne trouvera aucune différence aussi essentielle dans la forme et le volume des graines, l'intermittence des vrilles, la nature des poils, etc... Si donc le *Clinton* et le *Taylor* descendent directement du *V. riparia,* ils devraient lui ressembler aussi étroitement que nos cinq ou six cents variétés européennes ressemblent à la vigne sauvage d'Europe. S'ils offrent avec le *V. riparia* des différences aussi essentielles que celles qui viennent d'être signalées, c'est qu'il y a autre chose en eux que cette espèce; et si cette autre chose est un caractère du *Labrusca,* que dis-je, plusieurs caractères, c'est qu'ils sont alliés à ce dernier type.

Voilà la *théorie !*

M. Millardet, a dit mon savant contradicteur, « attribuant au *Taylor,* par des raisons théoriques, une parenté avec les *Labrusca,* a *supposé* que, par cela même, il pouvait, sous un climat sec et dans un sol compacte ou aride, succomber sous l'action du phylloxera. »

En soulignant dans la citation précédente le mot *supposé,* je désire attirer l'attention du lecteur sur un autre côté de la question, et j'espère montrer que M. Planchon s'est complètement mépris sur la nature des griefs que j'ai fait valoir contre la résistance du *Clinton* et du *Taylor*. Ainsi que je l'ai dit en commençant, j'ai eu d'abord des doutes au sujet de cette résistance, et, à cette époque, en effet, j'ai fait des suppositions; mais je les ai données comme telles (1). Depuis, le temps des suppositions étant passé, j'ai procédé par affirmations (2). Or, pour ce qui concerne le *Taylor,* comme en toute autre chose, il ne m'est jamais arrivé de poser une affirmation catégorique sans avoir par devers moi des faits qui me permettent d'agir ainsi. C'est ce que je me propose d'établir par quelques lignes.

M. Planchon a reçu mes *Études sur quelques espèces de vignes sauvages* au mois de juillet 1879. A la page 19, après les mots

(1) *La Question des vignes*, etc., p. 61.

(2) « J'affirme que dans les mauvais terrains de l'Hérault et du Var, etc. » Voir le commencement de cet article.

qu'il cite textuellement et qu'il souligne, se trouve la note suivante : « *J'ai reçu récemment de M. le Dr Davin* (de Pignans, Var) *des Taylors de deux ans tellement maltraités par le phylloxéra que leur mort était certainement imminente.* »

Mais peut-être cette note a échappé à mon savant collègue ou ne lui a-t-elle pas semblé avoir tout le poids d'une observation régulière. Je vais donc, afin qu'il n'y ait plus la moindre équivoque à cet égard, reprendre le fait avec les détails nécessaires.

Le 1er mars de cette année, M. le Dr Davin eut l'obligeance de m'envoyer une collection des principaux cépages résistants qu'il cultive. Elle était composée des individus les plus maltraités par le phylloxéra qu'il avait pu rencontrer. Dans le nombre se trouvaient deux *Taylors*. Voici la note que je trouve dans mon journal au sujet de ces deux plantes.

« *Taylor*. Deux pieds âgés de deux ans, chétifs. Sarments de l'année, grêles, de 15 à 30 centimètres de longueur.

» Une de ces plantes possède quatre racines de deux ans, dont les plus grosses atteignent 5 millimètres de diamètre. Toutes les quatre sont réduites à des moignons et complètement pourries. Elles portent encore à leur surface des tubérosités très bien caractérisées malgré leur état de décomposition avancée. Ces racines de deux ans sont insérées sur la partie inférieure de la plante.

» A 6 et 8 centimètres au-dessus, sont nées, la seconde année, quatre racines épaisses de 2 à 3 millimètres à leur base.

» Le chevelu de deux de ces racines a été conservé. Il présente encore une centaine de nodosités complètement pourries, à l'exception de deux ou trois. Sur l'axe de ces deux mêmes racines de 2 millimètres d'épaisseur, se voient également une centaine de tubérosités presque toutes profondément pourries. L'axe fibro-vasculaire de ces mêmes racines est pourri en maint endroit jusqu'au centre.

» Des deux autres racines de l'année, l'une (la plus élevée) de 2 millimètres d'épaisseur est à peu près saine. L'autre, de 3 millimètres à la base, n'est saine que sur une longueur de 15 centimètres; le reste de la racine est couvert de tubérosités et complètement pourri.

» La seconde plante est encore en plus mauvais état. Les deux principales racines, complètement pourries, sont restées dans le sol, à part deux courts moignons qui tiennent encore à la tige. »

Avais-je tort d'affirmer que ces *Taylors* étaient mourants, et peut-on supposer que ce soit d'autre chose que du phylloxéra? Ici, nul moyen d'invoquer le pourridié ou le défaut d'adaptation au sol, excuse que les partisans de la résistance quand même de certains cépages ont toujours prête pour les cas embarrassants. Toutes les racines portaient la marque indéniable des ravages de l'insecte, c'est-à-dire des tubérosités à divers degrés de décomposition. Dans la plupart des cas, on pouvait suivre la pourriture depuis les tubérosités jusqu'au centre de la racine, et dans les autres la racine était elle-même complètement décomposée.

Ainsi donc, en affirmant que le *Taylor* succombe au phylloxéra dans certains terrains de la Provence, je ne procédais pas par *supposition,* et la preuve directe du fait était au bas même de la page où M. Planchon m'empruntait une citation.

Voilà les *suppositions!*

Encore un mot à ce sujet. Il ne m'est jamais venu à l'esprit, ainsi que l'article dont je parle peut le faire supposer, de rejeter comme non résistant un cépage quel qu'il soit, par cela seul qu'il offre des traces de parenté avec le *V. labrusca.* Rien ne serait plus contraire à la saine méthode; car il existe des cépages alliés intimement à l'espèce dont je viens de parler, et qui jouissent cependant d'une résistance insigne : le *York-Madeira* et le *Gaston-Bazille* sont dans ce cas. Ce que j'ai toujours dit et que je maintiens, c'est que lorsqu'on reconnaît dans une vigne appartenant, du reste, à un type sauvage résistant, des traces de croisement avec une espèce non résistante, il est bon d'être sur ses gardes et de réserver son appréciation jusqu'à ce qu'il soit possible de l'appuyer sur une expérience suffisante. Rien, en effet, n'est plus obscur que les conditions de résistance des cépages hybrides. Il n'en saurait être autrement, puisqu'on ne sait même pas encore au juste quelle est la part que prennent divers agents dans la mort des vignes non résistantes.

Puisque j'en ai aujourd'hui l'occasion, je voudrais encore, avant de quitter la plume, essayer de porter un peu de lumière jusqu'au fond de deux des plus obscurs recoins de cette question si complexe des vignes américaines, véritables refuges où se jettent les partisans quand même de la résistance de certains cépages américains, dès qu'ils sont pressés par des faits qui les embarrassent.

Un cépage américain est recommandé pour ses vertus transcendantales par les illustrations de la Société d'agriculture et d'intérêts mutuels de N... ou par une Société de viticulteurs-pépiniéristes dévoués à la cause des vignes américaines; ce cépage s'appellera *Clinton, Taylor* ou *Concord*, à votre choix, car je hais les personnalités et ne voudrais pour rien au monde me faire un ennemi dans la personne de l'une de ces puissantes entités vinifères. On en plante et on en fait planter. Tout va bien pendant deux ou trois ans. Mais voilà qu'après la deuxième ou la troisième feuille, quelques-unes des cent mille tubérosités produites par l'insecte pendant les années précédentes, commencent, en dépit des obstacles que la nature et les hommes ont mis devant elles, commencent, dis-je, à propager la pourriture jusqu'au centre même des grosses racines. Celles-ci ne remplissent plus leurs fonctions que d'une manière incomplète; la plante faiblit. D'autres racines se forment qui la soutiennent encore; mais cependant il peut arriver et il arrive, lorsque la plante est peu vigoureuse ou placée dans des conditions défavorables de sol ou de climat, que la pourriture marche plus vite que la multiplication des racines. Un beau jour, après la quatrième ou cinquième année de plantation, le propriétaire s'aperçoit que le quart de ses *Clintons, Taylors* ou *Concords* est mort ou mourant et que les autres sont en pleine décadence. Le fait est publié dans les journaux, à la plus grande gloire des insecticides et au grand scandale de tout le monde. On s'agite, on consulte; une Commission nommée par la Société d'admiration et d'intérêts mutuels de N... est envoyée sur les lieux. Elle trouve, sur quelques racines, des touffes de champignons, des cordons de myocéliums, et, bien que ces mêmes racines soient criblées de tubérosités, le Rapporteur déclare que les souches ont succombé au pourridié. Le phylloxéra devient innocent comme l'agneau de la fable; la réputation du *Taylor* est sauvée et sa résistance affirmée plus haut que jamais. — Je dois dire que ce moyen est employé de bonne foi, par simple ignorance de ce fait que le pourridié complique très fréquemment la maladie phylloxérique (1). Espérons qu'à l'avenir, au lieu de dire, comme on l'a fait jusqu'ici, lorsqu'on constate le pourridié sur des vignes phylloxérées, que celles-ci succombent à cette maladie et non au phylloxéra, on imputera la première cause du désastre à l'insecte dévastateur, et que le champignon ne sera plus considéré que comme un épiphénomène sans importance au point de vue du résultat final.

Il existe encore dans l'arsenal de la polémique viticole un artifice plus ingénieux et d'un effet non moins certain que celui dont il vient d'être question, assez fréquemment usité par les amateurs de vignes américaines pour faire prendre le change sur la cause réelle de la mort d'un cépage mal résistant. C'est le flot d'encre par lequel la Seiche aveugle son ennemi, quand il la serre de trop près; le nuage derrière lequel Jupiter dissimule ses faiblesses aux profanes humains.

Reprenons, s'il vous plaît, lecteur, la petite fable que je viens de vous raconter et, pour ne pas perdre un temps précieux pour tous deux, supposons, — car toutes ces histoires, je veux dire ces fables, se ressemblent, — supposons, dis-je, que nous sommes arrivés avec la Commission sur le terrain où, sur quelques centaines de *Taylors* plantés depuis trois à cinq ans, un point faible, une *tache* s'est déclarée. Nous pouvons également supposer que toutes les plantes sont à peu près uniformément chétives. — On arrache trois ou quatre ceps dont les racines dévorées de phylloxéras sont dans un état assez médiocre. Ça et là, une des nombreuses tubérosités est complètement décomposée, et la pourriture pénètre plus ou moins profondément dans le bois de la racine. Quelques racines des plus fortes présentent, sur la section longitudinale, des points de pourriture, mais, somme toute, le système radiculaire est, en apparence du moins, encore presque complet. Il est vrai que deux ou trois souches sont parvenues au dernier degré d'étisie. — Le propriétaire observe d'un œil anxieux le visage du Président de la Commission, craignant d'y lire l'arrêt

(1) On pourra consulter à ce sujet : Millardet, *Pourridié et phylloxéra*; dans *Mémoires de la Soc. des sc. phys. et nat. de Bordeaux*; 2e série, t. IV.

de mort. Celui-ci n'est pas sur un lit de roses. — Laissera-t-il paraître ses doutes? Mais alors le *Taylor* est perdu de réputation ! — Affectera-t-il une confiance qu'il n'a pas? Mais le public et les mauvaises langues! — Que faire?... — Sa physionomie s'illumine : il a trouvé! Il jette un coup d'œil d'intelligence au Rapporteur de la Commission et déclare qu'il est nécessaire, avant de se prononcer, de faire l'analyse du sol... On emporte un sac de terre! — Les propriétaires sont habituellement si fort ahuris de cette réponse inattendue, qu'ils oublient de jeter au nez de l'*homme de l'art* la souche, la terre et le phylloxéra.

Cependant, six mois après, paraît un article ou rapport, avec l'analyse du sol et du sous-sol, jusqu'à la cinquième décimale. Comme conclusion de cette œuvre éminemment scientifique, il est dit que ce cas est d'une appréciation difficile, mais qu'il est infiniment probable que le *Taylor,* s'il succombe, ce qui n'est pas encore certain, succombera non au phylloxéra mais *au défaut d'adaption au sol et au climat. — Risum teneatis !*

Ici j'entends le lecteur qui s'écrie : De grâce ! dites quel est l'inventeur de ce merveillenx appareil de sauvetage pour les cépages américains en détresse; que son nom soit conservé à la postérité, et que tous les pépiniéristes américains s'unissent pour lui élever une statue !

Si quelqu'un taxait d'incroyables les faits que je viens de rapporter, je le renvoie simplement, je ne dirai pas seulement à l'article de M. Planchon auquel j'ai fait allusion précédemment, mais aux neuf dixièmes des publications qui ont paru sur ce sujet depuis deux ans.

Ce n'est pas que je nie l'influence que le sol et le climat peuvent exercer et exercent réellement sur la santé de tous les cépages, quels qu'ils soient, et dans quelques conditions qu'ils végètent, tout au contraire; et je ne serais pas étonné d'être le premier qui ait essayé de mettre cette influence en pleine lumière pour le cas où les vignes ont à lutter contre le phylloxéra. Dès janvier 1877, en effet (1), j'établissais, dans les conditions de résistance des cépages, deux classes distinctes : les conditions intrin-

(1) *La Question des vignes américaines*, ch. I. — *Journal d'agriculture pratique*, 1877, t. II, p. 139 et 140.

sèques à la plante et les conditions extrinsèques. Les premières sont constituées par le tempérament, la nature même de chaque variété de vigne, qui fait que, dans l'une, il se forme beaucoup de nodosités phylloxériques, peu dans l'autre; que ces renflements pourrissent plus ou moins rapidement, plus ou moins profondément suivant celle à laquelle on a affaire. Les conditions de résistance extinsèques à la plante sont le sol et le climat; elles constituent ce que l'on a appelé depuis adaptation au sol et au climat.

Mais tandis que, dès cette époque, j'avais fait la part de ces deux ordres de conditions, dans l'acte de résistance, attribuant aux premières la plus grande importance et m'efforçant d'expliquer les effets de leur combinaison avec les secondes, aujourd'hui tout est de nouveau obscurci et confondu. D'après les principes de l'Ecole américaine de Montpellier, les cépages résistants le sont uniquement par suite des propriétés anatomiques de leurs racines. Les conditions extérieures n'ont pas d'action sur la résistance elle-même, mais elles en ont une considérable sur la santé de la plante, Ainsi, par exemple, le *Taylor* est résistant parce qu'il produit rapidement un très grand nombre de radicelles qui remplacent celles que le phylloxéra lui a fait perdre. Par suite, si le *Taylor* meurt en terrain phylloxéré, ce n'est pas l'insecte qui le tue, mais il succombe parce que le sol ou le climat ne ne lui conviennent pas.

Rien de plus naïf que ce raisonnement; et l'on s'étonnera avec raison qu'il ait pu faire tant de dupes. On ne fera croire en effet à personne, à moins qu'il n'ait perdu l'habitude de voir par ses yeux ou de raisonner avec son jugement, que le *Clinton* et le *Taylor*, qui sont couverts de phylloxéras, et dont les racines, même les grosses, sont souvent désorganisées depuis les tubérosités jusqu'au centre, succombent *toujours* au défaut d'adaptation et *jamais* au phylloxéra. Tout au contraire, la première idée qui se présente à l'esprit c'est que si la plante se trouve, d'autre part, dans des conditions défavorables, cette cause d'affaiblissement rendra l'action de l'insecte d'autant plus dangereuse pour elle. L'inverse est encore vrai : et c'est pour cela que l'on réussit à retarder la mort de la vigne phylloxérée par des fumures intensives. En un mot, les conditions extrinsèques de résistance combinent toujours leur action avec celle des conditions intrinsèques, et la résultante des ces deux actions constitue la résistance d'une plante donnée. Aussi, rien n'est plus variable que celle-ci, lorsque (ce qui arrive chez certains cépages) les conditions extrinsèques viennent à primer les intrinsèques : un cépage peut être résistant aujourd'hui et ne plus l'être demain, défier le phylloxéra à Bordeaux et à Libourne et succomber sous ses atteintes à Montpellier et à Toulon. Le *Clinton* et le *Taylor* sont dans ce cas.

Si l'opinion contre laquelle je m'élève était vraie, on ne s'expliquerait pas pourquoi ce sont justement les cépages qui nourrissent le plus de phylloxéras et dont les racines présentent les altérations les plus considérables qui donnent le plus de mécomptes. Il devrait paraître bien singulier que ni le *York-Madeira,* ni le *Solonis,* ni le *V. riparia,* ni le *Gaston-Bazille,* ni même le *Jacquez* et l'*Herbemont* ne succombent aussi de temps en temps à ce manque d'adaption. Et cependant ces cépages sont étrangers comme les autres, américains comme les autres, et comme les autres aussi arrivés d'hier. Pourquoi n'en a-t-on jamais vu péricliter en terrain phylloxéré? Seraient-ils moins sensibles au défaut d'adaptation? — Non; mais ils le sont moins au phylloxéra.

Il y aurait encore d'autres considérations à présenter en faveur de mon opinion; mais je crois que j'en ai dit assez pour convaincre les personnes qui n'ont pas de parti pris dans la question. Quant aux autres, cent arguments de plus seraient aussi inutiles que ceux que je viens de faire valoir. Cependant, je m'appuierai encore, en terminant, sur l'opinion d'un homme connu de tous les viticulteurs du Midi pour sa sagacité et sa loyauté, M. V. Ganzin, vice-président du Comice agricole de Toulon, qui a étudié avec soin le *Clinton* et le *Taylor* dans le Var. Voici en quels termes il s'exprime dans le *Messager du Midi* (n° du 20 avril 1878), relativement à la résistance du *Clinton :*

« Le *Clinton* phylloxéré ou non prospère, végète plus ou moins vigoureusement, admirablement parfois, dans les terrains frais ou perméables ou légers, mais alors profonds; quelque fois même dans certains sols dont les caractères s'écartent partiellement de ceux que je viens d'indiquer.

» Dans les sols plus ou moins pierreux, secs ou argileux, le même cépage *non phylloxéré* n'a plus qu'une végétation inégale : ici vigoureuse, là médiocre, ailleurs chétive, et même *dans ceux de ces derniers, où, non phylloxéré, il prospère encore, — phylloxéré, il dépérit, et l'on peut dire, en réalité, que là il ne résiste pas.* »

Il y a plus d'une année et demie que M. Ganzin s'exprimait ainsi. Il nous fera savoir sans doute si, depuis ce temps, son appréciation a changé. Je pourrais encore m'appuyer sur l'opinion de M. Pellicot, Président du Comice agricole de Toulon, et sur celle de M. le Dr Davin, de Pignans. Mais ces Messieurs ont été mis directement en cause par M. Planchon dans l'article dont il vient d'être question, et il est probable qu'ils tiendront à justifier eux-mêmes leur manière de voir.

Pour moi, j'estime qu'après avoir discuté celles des assertions de M. Planchon qui me regardent personnellement j'ai rempli ma tâche.

MILLARDET.

Bordeaux, le 6 décembre 1879.

La première partie de l'article en question, paru dans le numéro du 1er janvier 1880 du *Journal d'agriculture pratique*, m'avait été communiquée par un ami. Je m'étais bien promis de ne pas y répondre, d'abord par horreur de la polémique, ensuite parce que les arguments et les faits cités par moi à l'appui de la résistance *intrinsèque* du *Taylor* n'avaient pas été réfutés par mon savant contradicteur.

Mais voilà que l'auteur lui-même m'adresse sa note complète, c'est-à-dire avec la partie publiée dans le numéro du 8 janvier du même journal. Or, le ton de cette note ne me laisse plus que cette alternative, ou de repousser des insinuations que je ne devais pas attendre d'un collègue, ou de laisser croire aux personnes qui ne me connaissent pas, que j'ai pu favoriser, même de loin, les intérêts de tels ou tels pépiniéristes liés à la vente de tel ou tel cépage.

Bien qu'une accusation de ce genre ne soit pas nettement articulée *contre moi* dans la note de M. Millardet, cependant mon nom est tellement mêlé à toute la mise en scène des anecdotes arrangées par l'auteur pour couvrir de ridicule ceux qui ne pensent pas comme lui, que le plus simple souci de mon honneur me fait un devoir de repousser de telles attaques, même détournées.

Si mon confrère de Bordeaux connaissait mieux ce qu'il appelle dédaigneusement l'École américaine de Montpellier, il saurait que la Société d'agriculture de l'Hérault, dont je m'honore d'être membre, n'a jamais apporté dans la question des vignes américaines qu'un zèle absolument désintéressé; il aurait rendu la même justice à l'École d'agriculture de la Gaillarde et en particulier à mon ami et collaborateur, M. Foëx, dont les travaux sur la structure des racines de vignes sont la plus solide base d'appréciation de la résistance relative des cépages américains.

Enfin, s'il n'avait la prétention injustifiable d'avoir le premier distingué dans la durée des vignes aux prises avec le phylloxéra, ce qui appartient en propre au cépage et ce qui appartient aux circonstances extérieures, il aurait pu reconnaître que cette distinction capitale entre la *résistance à l'insecte* et l'*adaptation aux milieux* (climat et sol) a été très nettement posée et étudiée par des membres de la Société d'agriculture de l'Hérault, notamment dans un rapport publié en 1876 par M. Louis Vialla et moi. Il rirait un peu moins des analyses du sol, s'il avait un peu mieux en mémoire les observations faites dans l'Hérault et le Gard, sur la liaison entre la présence du fer et de la silice et la santé de certains cépages. Enfin, si, au lieu de s'enfermer dans l'observation d'un nombre très restreint de champs d'étude ou de puiser ses arguments dans les brochures dont il n'a pu contrôler les assertions, M. Millardet avait pris la peine de parcourir de nombreux vignobles dans les régions les plus diverses, peut-être serait-il moins disposé à tenir pour non avenus les *faits* que lui citent ses contradicteurs et à se complaire dans ses propres théories, en mêlant, par exemple, l'action du phylloxera et l'action tout autre des mycelia de champignons.

Mais, j'effleure là un sujet sur lequel M. Millardet ne souffre pas contradiction, et l'exemple de mon ami, M. Maxime Cornu, devrait m'avertir qu'il faut n'y toucher qu'avec d'infinis ménagements, si l'on ne veut soulever des colères. Je laisse donc cette question et bien d'autres, décidé à ne pas perdre en de stériles polémiques un temps qui serait mieux employé à des observations ou à des discussions courtoises. M. Millardet pourra me répondre : mais je déclare que je ne lui donnerai plus la réplique. Aussi bien, ferons-nous mieux l'un et l'autre de laisser parler les faits qui, lorsqu'ils sont vrais, finissent toujours par avoir le dernier mot.

J.-E. PLANCHON.

Journal d'ag. pratique; n° du 22 janvier 1880.

La note insérée par M. Planchon au dernier numéro de ce journal, en réponse à mes deux derniers articles, me fait un devoir de revenir une dernière fois sur ce sujet.

Je dois déclarer d'abord que jamais il ne m'est venu à l'esprit de suspecter la loyauté de M. Planchon. Je peux différer d'opinion avec le savant, et je le déplore; mais je suis incapable de vouloir, pour un motif si léger, effleurer seulement la réputation d'honnête homme d'un collègue universellement aimé et estimé.

Mais est-ce à dire, si les personnages sont fictifs dans les scènes que j'ai mises sous les yeux du lecteur, que leur rôle le soit aussi? En crayonnant ces silhouettes, aurais-je été le jouet d'une imagination surexcitée ou d'un penchant inné pour la satire? N'est-il pas arrivé que ceux qui auraient pu faire la lumière se sont tus, les uns par négligence, d'autres par faiblesse, quelques-uns peut-être par mauvaise foi? Quelque lecteur se rappellera probablement les attaques dont j'ai eu l'honneur d'être l'objet, il y a deux ans, dans un journal de Montpellier, justement à propos de la résistance du *Clinton*. On aurait pu croire, aux initiales aristocratiques qui servaient de signature à l'article, que j'avais affaire à un noble adversaire; le ton et la nature de ce factum y firent aussitôt reconnaître la main lourde et déshonnête d'un pépiniériste franco-américain.

Si j'ai adressé moi-même à mon honorable collègue mes deux articles, c'est justement parce que je regarde comme le devoir d'un écrivain de saisir directement du différend la personne avec laquelle il entre en polémique. Je ne supposais pas que ce procédé pût paraître mauvais.

Ai-je manqué à rendre justice à M. Foëx, ainsi qu'il semblerait à la lecture de la note de M. Planchon? Je ne le pense pas. M. Foëx n'est pas même nommé. Au reste, bien que je sois en désaccord avec lui sur quelques points de détail, notamment en ce qui concerne les causes de la résistance au phylloxéra des vignes américaines, je reconnais que son travail sur ce sujet est l'œuvre d'un esprit solide et droit. M. Foëx a pu se tromper, à mon avis du moins, dans un cas de non résistance du *Taylor;* mais je ne crois pas être sorti de la limite des convenances dans les allusions que j'ai faites à ce sujet. — Je n'ai pu manquer non plus de justice envers l'École de la Gaillarde qui était complétement en dehors de mon sujet. Elle n'est ni nommée ni sous-entendue dans mes articles. Si j'avais voulu en parler, j'en aurais dit ce que j'en pense, absolument comme je l'ai fait pour les Sociétés d'agriculture en général. Je suis heureux de trouver l'occasion de déclarer qu'à mon humble avis cet établissement est d'une extrême utilité; qu'il a rendu et rend chaque jour des services signalés; enfin que j'appelle de tous mes vœux la création, dans le département de la Gironde, d'une institution semblable, surtout si elle devait être composée d'hommes d'un esprit aussi solide, indépendant et désintéressé que ceux dont je veux parler.

Mon honorable contradicteur me reproche « la prétention injustifiable d'avoir le premier distingué, dans la durée des vignes aux prises avec le phylloxéra, ce qui appartient en propre au cépage et ce qui appartient aux circonstances extérieures. J'aurais pu reconnaître que cette distinction capitale entre la *résistance à l'insecte et l'adaptation aux milieux* (sol et climat) a été très nettement posée et étudiée par des membres de la Société d'agriculture de l'Hérault, notamment dans un rapport publié en 1876 par M. Louis Vialla et lui. » — Je dois avoir ce document sous les yeux; il a été publié non en 1876, mais en 1877 (1).

(1) *Les Cépages américains dans le département de l'Hérault*, par MM. L. Vialla et Planchon. Montpellier, 1877. A la page 4 on lit en note : « Bien qu'il n'ai paru qu'au commencement de l'année 1877, notre travail a été fait en 1876. » *La Question des vignes américaines*, dans laquelle sont contenus les développements auxquels M. Planchpn et moi faisons allusion, a paru dans les derniers jours de janvier 1877. Elle est *datée du 20 novembre 1876.*

Si M. Planchon veut parler d'un autre travail, je le prie de me le signaler; il m'est inconnu. Au reste je déclare, après une lecture attentive de ce mémoire, qu'il m'a été impossible d'y retrouver, sous une forme précise, les idées que j'émettais en même temps ou même un peu auparavant, dans la *Question des vignes américaines*. Je m'en rapporte sur ce point au lecteur.

M. Planchon ajoute : « Si, au lieu de s'enfermer dans l'observation d'un nombre très restreint de champs d'études, ou de puiser ses arguments dans des brochures dont il n'a pu contrôler les assertions, M. Millardet avait pris la peine de parcourir de nombreux vignobles, dans les régions les plus diverses, peut-être serait-il moins disposé à tenir pour non avenus les *faits* que lui citent ses contradicteurs et à se complaire dans ses propres théories, en mêlant, par exemple, l'action du phylloxéra et l'action tout autre des mycélia de champignons. » A cela je répondrai que chacun travaille suivant sa méthode, quelques-uns même sans méthode. Il faut à l'un des excursions fréquentes et étendues, même des voyages lointains qui lui permettent une ample et rapide moisson de faits. L'autre préfère l'observation soutenue de quelques exemples choisis. Le premier court le risque de demeurer superficiel, le second celui de prendre des exceptions pour la règle. C'est au lecteur de faire la part de la faiblesse humaine et de reconnaître la vérité sous le masque dont, hélas ! nous la couvrons toujours plus ou moins par notre propre faute.

Quant aux mycéliums des nodosités et tubérosités phylloxériques mentionnés au cours de la note de M. Planchon, ils n'ont rien à faire avec le *Pourridié* dont j'ai parlé. J'attendrai donc que mon savant contradicteur se risque sur ce terrain; il m'y rencontrera certainement. Je ne doute pas que sa discussion ne soit loyale; il peut être alors certain que mes procédés ne s'écarteront jamais de la courtoisie que j'estime autant que lui. Mais, dans certaines occasions, il le reconnaîtra lui-même, il n'y a pas de ménagements à garder.

Enfin je dois avouer que M. Planchon a parfaitement raison de dire que je n'ai pas réfuté les faits cités par lui à l'appui de la résistance intrinsèque du *Taylor*. Mais cela n'était pas dans ma pensée et, du reste, était absolument inutile. Je n'ai jamais affirmé que le *Taylor* succombe toujours aux atteintes du phylloxéra. Je reconnais qu'il existe même dans le Var et l'Hérault des *Taylors* d'une belle végétation; mais ce n'est pas toujours le plus grand nombre. Mon savant collègue montrerait mille *Taylors* résistants, que si je peux lui en citer dix seulement qui meurent du phylloxéra, j'aurai encore raison de dire que ce cépage succombe à l'insecte et qu'il ne faut en planter qu'avec une extrême réserve dans certains terrains. M. Verneuil nous a appris, dans l'avant-dernier numéro de ce journal, que, dans la Charente-Inférieure, ce cépage montre une végétation vigoureuse en plusieurs endroits. J'enregistre ces faits, en attendant que je puisse en citer de contraires. Mais qu'il me permette de lui rappeler que, dans l'article auquel il fait allusion, j'ai dit que ce cépage résiste à Bordeaux et Libourne (Pomerol); nous sommes donc bien près de nous entendre, malgré que le sol à Pomerol soit infiniment plus avantageux à cette plante que celui des localités dont il parle.

Je proteste à mon tour de mon horreur pour la polémique. A mon avis c'est un mal, mais un mal nécessaire. — *Amicus, Plato sed magis amica veritas!* (*)

Au moment de donner le bon à tirer, un document important pour la question qui m'occupe arrive à ma connaissance(1). Je ne puis m'empêcher de le signaler au lecteur.

C'est une enquête faite par la Commission du phylloxéra de la Charente, due aux observations et à la plume de M. Lajeunie, Rapporteur. Elle a pour objet la constatation de l'état dans lequel se trouvent actuellement les divers cépages américains introduits depuis les six dernières années dans ce département. C'est, sans aucun doute, la plus consciencieuse des études qui ont été faites sur cette question.

On voit, au premier aspect du tableau synoptique dans lequel

(*) *Journal d'agr. pratique*; n° du 29 janvier 1880.

(1) *Enquête sur les vignes américaines.* Un résumé de ce travail a été publié dans les *Comptes rendus des séances du 1er avril et du 6 juillet 1880 de la Commission départementale du phylloxéra* pour le département du Lot-et-Garonne.

les observations se trouvent coordonnées de la façon la plus claire et, je dirai, la plus saisissante, que, dans la Charente, le *Clinton* et le *Taylor* se comportent essentiellement de la même manière. Même dans les terrains humides et profonds qui conviennent le mieux à ces cépages, leur vigueur diminue à mesure qu'ils y deviennent plus âgés. Dans les terrains argilo-calcaires profonds, ce dépérissement est encore plus accentué. Pour ne citer qu'un seul exemple : sur 1,600 *Taylors* plantés dans ce terrain, à la deuxième année 300 sont cotés très bien, 900 bien, 150 assez bien et 150 passable; tandis qu'à la troisième année, sur 1,537 plants de la même espèce, 112 seulement sont cotés très bien, 538 bien, 215 assez bien, 651 passable et 21 mal. — Je laisse à dessein de côté les terrains calcaires, secs et crayeux, pour lesquels il est évident, au premier coup d'œil, que la question d'adaptation acquiert assez d'importance pour qu'il ne soit plus possible de juger ainsi de la résistance au phylloxéra.

Je recommande ce document à l'attention de M. Verneuil.

MILLARDET.

CORDIFOLIAS OU RIPARIAS(*)

Beaucoup de personnes emploient presque indifféremment les termes collectifs de *Cordifolias* et de *Riparias*, pour désigner la classe de cépages qui comprend les *Clinton*, *Taylor*, *Solonis*, etc. Le plus grand nombre applique exclusivement le nom de *Cordifolias* à cette même catégorie tandis que d'autres la désignent sous le nom de *Riparias*. Quelques éclaircissements à ce sujet ne seront pas inutiles.

Michaux, dans sa flore de l'Amérique du Nord, décrivit le premier, comme espèces, sous les noms qui précèdent, deux types très distincts de vignes américaines. Pour lui, le *Vitis cordifolia* était une espèce, et le *V. riparia*, une autre. Depuis cet auteur, plusieurs botanistes, parmi lesquels Asa Gray et Chapman, ont combattu cette manière de voir. Se fondant sur l'existence, chez certains *Cordifolia*, de feuilles analogues pour la forme à celles du *V. riparia*, ils ont réuni ces deux espèces en une seule qu'ils désignent du nom de *V. cordifolia*. Pour eux, le *V. riparia* n'est plus une espèce autonome, comme le voulait Michaux, mais seulement une variété de l'espèce *Cordifolia*. Ces botanistes peuvent donc désigner les *Clinton, Taylor, Solonis*, etc., à volonté, sous le nom de *Cordifolias* ou sous celui de *Riparias*.

Dans ces derniers temps, le docteur Engelmann, botaniste américain, auteur de plusieurs ouvrages excellents, entre autres d'une étude sur les vignes du Nord-Amérique, s'est déclaré positivement pour l'opinion de Michaux. M. Planchon, au contraire, a adopté la manière de voir d'Asa Gray.

Qui a raison? Les cépages dont il s'agit plus haut se rattachent-ils au *V. riparia* de Michaux ou à son *V. cordifolia?* — Quelles sont les affinités réelles de ces deux types? Sont-ils dis-

(*) Extrait de *La vigne américaine*, n° du 9 octobre 1878.

tincts spécifiquement, ou le *V. riparia* ne doit-il être considéré que comme une variété du *V. cordifolia?* Deux questions que je désirerais élucider dans cette note.

La première ne saurait nous arrêter plus d'un instant, et le lecteur en a déjà formulé la réponse. En effet, les analogies des divers cépages cités plus haut (*Clinton, Taylor, Solonis,* etc.), avec le *V. riparia,* sont tellement évidentes, que tous les botanistes et ampélographes sans exception s'accordent à rattacher ces cépages au *V. riparia* de Michaux plutôt qu'à son *V. cordifolia.*

Reste la deuxième question, c'est-à-dire celle de l'affinité des deux types *Cordifolia* et *Riparia.* Je ferai remarquer que ce problème n'est pas une simple subtilité scientifique et qu'il a son importance pratique. En effet, j'ai montré ailleurs que l'on peut conclure des propriétés des cépages cultivés, dérivés directement d'une espèce sauvage, à celles de cette espèce elle-même, absolument comme on conclut des propriétés d'un type de vigne sauvage à celles des variétés qui en descendent directement. D'après cela, nul doute que le *V. riparia* type ne jouisse, comme les cépages qui en sont issus, de la résistance au phylloxéra, qu'il ne reprenne bien de bouture, de greffe, etc. — Je ferai remarquer en passant que, sur ce point, l'expérience a confirmé la théorie. — Mais, allons plus loin, et essayons de préjuger des propriétés du *V. riparia* celles du *V. cordifolia.* Ici la théorie donne deux réponses bien différentes suivant le degré d'affinité que l'on admet entre les deux types. Le *V. riparia* n'est-il qu'une variété du *V. cordifolia,* on peut affirmer *à priori* que le *Cordifolia* est, comme le précédent, résistant au phylloxéra, reprenant bien de bouture, de greffe, etc. Au contraire, si l'on admet que le *V. riparia* est une espèce et le *V. cordifolia* une autre, la comparaison entre les propriétés de ces deux types devient impossible à cause de la distance généalogique qui les sépare; l'induction théorique manque absolument de base et l'expérience devient le seul critérium. En d'autres termes, si le *V. riparia* est une simple variété du *V. cordifolia,* il est impossible que ce dernier ne soit pas un porte-greffe distingué de nos cépages. — Le *V. riparia* est-il une espèce distincte et le *V. cordifolia* une autre? Toutes les suppositions sur ce dernier sont permises; il peut ou non succomber au phylloxéra, reprendre ou non de bouture, etc., en un mot, différer du *V. riparia* tout autant que le *V. labrusca,* par exemple, diffère du *V. æstivalis.*

Ces conséquences importantes m'ont frappé dès longtemps et m'ont engagé à faire une étude attentive de cette question. Déjà en 1876, dans le mémoire que j'ai présenté à l'Institut en qualité de délégué, mémoire que cette puissante Société semble avoir voué à l'oubli, sans doute à cause de l'indépendance de mes opinions, je donnais les raisons qui me font pencher pour la manière de voir de Michaux et d'Engelmann, c'est-à-dire pour l'autonomie spécifique du *V. riparia.* Ces raisons reposent sur une analyse plus complète que celle qu'on avait jusque-là des caractères des deux plantes en litige. Depuis 1876, j'ai pu faire quelques nouvelles observations qui confirment les conclusions auxquelles j'étais arrivé à cette époque. On trouvera ci-dessous le résumé de mes recherches à ce sujet sous forme de diagnoses différentielles. Un coup d'œil suffira au lecteur pour apprécier l'importance de différences qui séparent les deux types en question.

J'ajouterai que les spécimens vivants que j'ai étudiés sont, pour le *V. riparia,* une plante mâle âgée de huit à dix ans, cultivée au jardin botanique de Bordeaux; un individu mâle âgé de dix à douze ans, appartenant à M. Vilmorin; les plantes répandues par feu M. Fabre; diverses formes provenant d'envois récents de MM. Bush et Cie; enfin des plantes issues de semis. — Pour le *V. cordifolia*, mes types vivants sont : une plante mâle âgée de huit à dix ans, cultivée au jardin botanique de Bordeaux; une d'âge analogue appartenant à M. Laliman; un exemplaire fertile remontant à peu près à la même date, appartenant à M. de Vivie; enfin des plantes venues de graines. Je ferai remarquer que le *V. cordifolia* type est infiniment plus rare que le *V. riparia.* Cela tient, sans nul doute, à la difficulté avec laquelle il reprend de boutures.

Voici le tableau différentiel dont j'ai parlé plus haut :

V. Riparia	*V. Cordifolia*
Écorce du bois de deux ans et plus très adhérente, se fendant en lanières entre-	Écorce du bois de deux ans et plus, très-peu adhérente, se séparant de la tige en

croisées, plus ou moins étroites comme celle de la vigne européenne.

larges plaques, quelquefois (sur le sarment de 2 et 3 ans) lui formant un étui régulier, fendu d'un seul côté.

Diaphragmes de la partie moyenne des tiges très minces (1/4 à 1/2 millim. d'épaisseur), à bords nettement tranchés.

Diaphragmes de la partie moyenne des tiges très épais (1 à 2 1/2 millim.), à bords mal délimités.

Feuillage quelquefois atteint à la fin de l'été de petites taches brunâtres; de couleur claire ou assez claire.

Feuillage toujours très sain; d'un vert plus foncé que dans le *V. riparia.*

Grappe médiocre et assez compacte, plus petite et plus serrée que celle du *V. cordifolia.*

Grappe allongée, à grains espacés (Échantillons de M. de Vivie).

Duvet des bourgeons presque aussi clair que dans le *V. vinifera*, sur le bois mûr.

Duvet des bourgeons, sur le bois aoûté, presque aussi foncé que dans le *V. æstivalis.*

Limbe des feuilles presque toujours plus large que long, à forme générale pentagonale, ou cordée-pentagonale; habituellement 3-lobé, rarement 5-lobé, souvent cordiforme sub-3-lobé à l'extrémité des rameaux; lobes habituellement séparés par des échancrures peu profondes, quelquefois par des sinus arrondis qui atteignent la partie moyenne des nervures entre lesquelles ils sont placés. Dents très inégales, le plus souvent cunéiformes, aiguës; face supérieure du limbe plus luisante que l'inférieure.

Limbe des feuilles habituellement plus long que large, de forme générale cordée; simple, rarement sub-3-lobé, plus rarement 3 ou 5-lobé; à dents arrondies, courtes; à face inférieure beaucoup plus luisante que la supérieure. Limbe plus épais, plus solide que dans le *V. riparia.*

Graine obtuse, médiocre ou petite; à chalaze très peu saillante, allongée, atténuée insensiblement du côté supérieur pour se perdre dans le raphé. Ce dernier à peine saillant, ou même représenté par une gouttière.

Graine trapue, à chalaze et raphé presque comme dans le *V. æstivalis.* D'après M. Engelmann, la graine serait en quelque sorte intermédiaire pour la forme entre celles des *V. riparia* et *æstivalis.*

Floraison complétement terminée (jardin botanique de Bordeaux, 1878) quatre jours avant qu'elle ait commencé sur un pied contigu de *V. cordifolia*, ce qui fait huit jours au moins de différence dans l'époque de la floraison moyenne de ces deux plantes.

Floraison plus tardive de huit jours au moins.

Fleurs à odeur de réséda.

Fleurs à odeur de tilleul.

Plante reprenant de bouture avec la même facilité que le *Taylor* et le *Clinton*,

Plante reprenant de bouture avec la plus grande difficulté.

J'ajouterai à ces observations personnelles quelques faits empruntés à M. Engelmann (1).

	Fleurit un mois plus tard que le *V. riparia* dans le Missouri.
Stipules membraneuses, oblongues ou linéaires-oblongues, longues de 2 à 3 lignes.	Stipules arrondies, le plus souvent n'atteignant pas une ligne de long.
Grands sinus des feuilles habituellement large, tronqué à la base.	Grand sinus des feuilles toujours aigu.
Dans le Missouri, fruits mûrs en juillet et août.	Fruits ne mûrissant pas avant la fin d'octobre, dans le Missouri.
Croît dans le Nord, l'Ouest et le Centre des États-Unis. On le trouve aux grands lacs et dans les montagnes Rocheuses du Colorado, etc.	Se trouve dans l'Est et le Sud des États-Unis. Dans le Centre il croît avec le *V. riparia*. Il ne paraît pas remonter plus haut que l'Etat de New-York, ni s'étendre à l'ouest de celui du Missouri.
« Habite de préférence les sols rocailleux sur le bord des rivières. »	Plante de taille plus forte que le *V. riparia*. « Croît surtout dans les sols fertiles et se trouve communément sur les alluvions et dans le lit des rivières. »

C'est en me fondant sur les différences que je viens de mentionner que j'ai cru devoir adopter, avec Michaux et Engelmann, l'autonomie spécifique des deux types dont il s'agit. Quant aux caractères qui ont pu permettre à Asa Gray et aux botanistes qui l'ont suivi de réunir le *V. riparia* au *V. cordifolia* comme simple variété, il n'y a guère à mentionner autre chose que l'existence, chez certains *Cordifolias* sauvages, de feuilles à limbe aussi ou plus large que long et assez fortement trilobé, par conséquent d'une forme presque semblable à celle qui est la plus habituelle chez le *V. riparia*. Mais on ne peut admettre que ce seul caractère soit capable de contrebalancer ceux que j'ai énumérés. Dans l'état actuel de nos connaissances à ce sujet, ce qui paraît le plus probable, c'est que cette forme spéciale de feuilles est le produit de quelque hybridation entre les *V. cordifolia* et *riparia* types. La différence dans l'époque de la floraison de ces plantes ne saurait être objectée à la possibilité de cette hybridation spontanée. Il existe, en effet, dans l'herbier Soyer-Villemet, à Nancy, une forme de *V. riparia* récoltée par Riedel, qui est incontestablement le produit du croisement de ce

(1) *Bulletin of the Torrey botanical club*, New-York, *June*, 1878.

type avec le *V. æstivalis;* et cependent ce dernier fleurit plus tardivement encore que le *V. cordifolia.*

Concluons donc que le *V. riparia* est une espèce distincte du *V. cordifolia,* et que, pour éviter à l'avenir tout malentendu, il serait bon de renoncer au terme collectif de *Cordifolias* lorsque l'on veut désigner le groupe de cépages constitués par les *Clinton, Taylor, Solonis,* etc., pour se servir exclusivement de celui de *Riparias*, ces cépages n'ayant rien de plus à faire avec le *V. cordifolia* qu'avec le *V. vinifera.*

Je me hâterai d'ajouter, au point de vue pratique et pour me faire pardonner ces longs développements théoriques, que, partant de la conclusion précédente, rien de ce que nous savons du *V. riparia* ne peut nous faire préjuger les qualités ou les défauts du *V. cordifolia.* C'est de l'expérience seule que nous pouvons obtenir des données certaines sur ce sujet.

Le lecteur a vu déjà que le *V. cordifolia* ne reprend de bouture qu'avec une grande difficulté. Dans un prochain travail, je dirai comment se comporte cette plante au point de vue de la greffe et de la résistance au phylloxéra.

9 octobre 1878.

TABLE

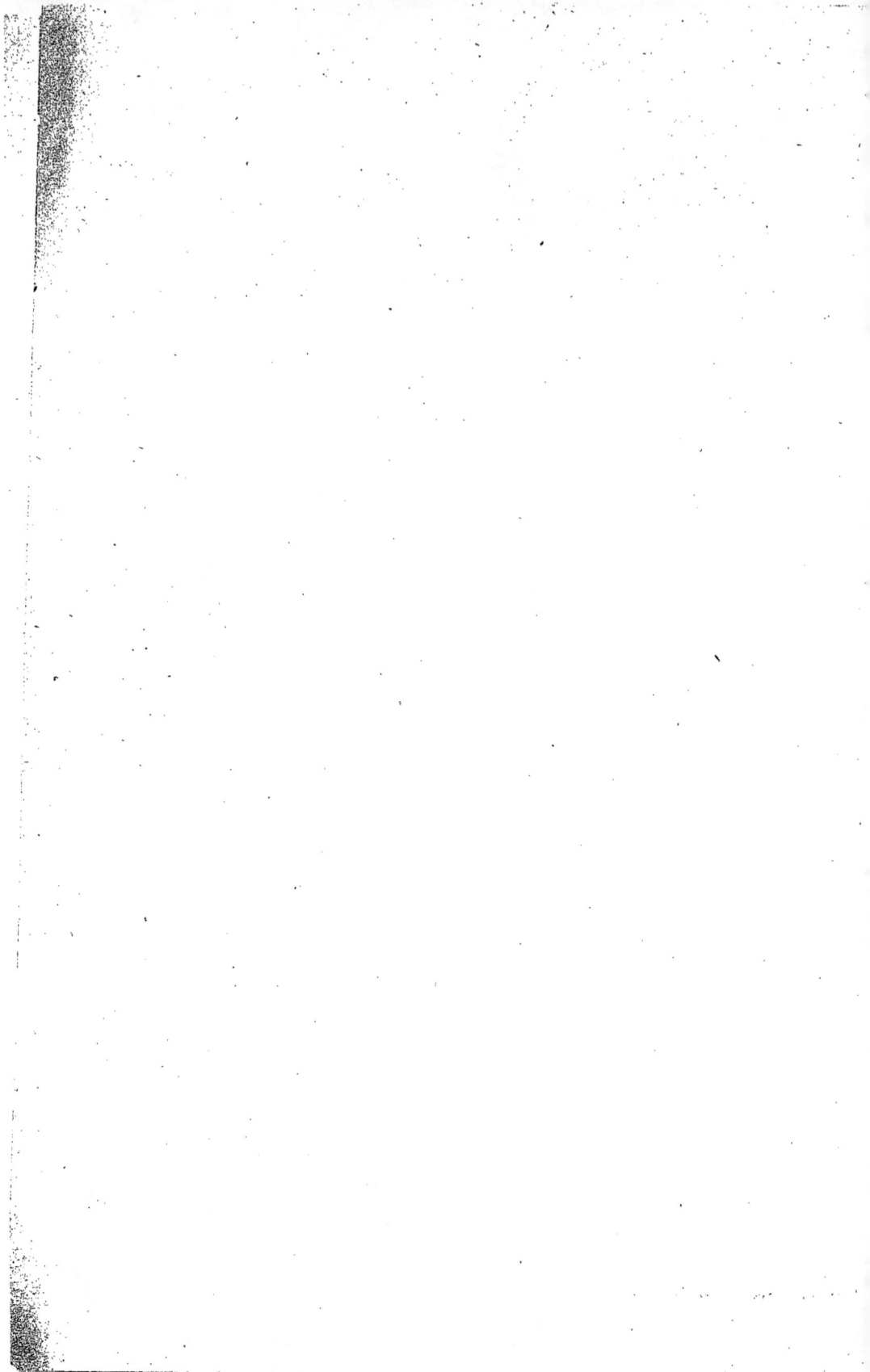

DU MÊME AUTEUR :

ÉTUDES SUR LES VIGNES D'ORIGINE AMÉRICAINE QUI RÉSISTENT AU PHYLLOXÉRA ; 1876. Paris, Gauthier-Villars.

LA QUESTION DES VIGNES AMÉRICAINES, AU POINT DE VUE THÉORIQUE ET PRATIQUE ; 1877. Bordeaux, Féret ; Paris, Masson ; prix : 2 fr.

ÉTUDES SUR QUELQUES ESPÈCES DE VIGNES SAUVAGES DE L'AMÉRIQUE DU NORD ; 1879 (épuisé).

HISTOIRE DES PRINCIPALES VARIÉTÉS ET ESPÈCES DE VIGNES D'ORIGINE AMÉRICAINE QUI RÉSISTENT AU PHYLLOXÉRA ; 1878. Bordeaux, Féret ; Paris, Masson.

La première livraison seule a paru (CLINTON ; 4 planches lithographiées par Lemercier).

La publication de cet ouvrage interrompue par la difficulté de réunir un nombre suffisant de souscripteurs ne tardera pas à être reprise. La deuxième livraison (TAYLOR, SOLONIS, YORK-MADEIRA, GASTON-BAZILLE, VIALLA, DELAWARE) paraîtra à la fin de l'année 1881.

POURRIDIÉ ET PHYLLOXÉRA ; ÉTUDE COMPARATIVE DE CES DEUX MALADIES DE LA VIGNE ; avec 4 planches gravées. Bordeaux, Féret ; Paris, Masson (paraîtra incessamment) ; prix : 5 fr.

Bordeaux. — Imp. J. DURAND, rue Vital-Carles, 24.

www.ingramcontent.com/pod-product-compliance
Lightning Source LLC
Chambersburg PA
CBHW071457200326
41519CB00019B/5774
* 9 7 8 2 0 1 9 1 7 3 0 8 1 *